いちからはじめる
プリザーブドフラワーの作り方

从入门到精通

永生花
设计与制作

[日] 长井睦美　著
魏常坤　译

中国轻工业出版社

某个重要日子里用过的花束，
花店中看一眼就喜欢上的花，
长在庭园中的那种喜欢的植物。

虽然很快就枯萎也是一种无常的美。
但是，如果能将花的风采保持得更长久，
留住美好的记忆和快乐的回忆，是不是更好呢？

首先将花
拿在手里好好看一看

然后将花浸泡在特殊的液体中。
浸泡的时候，不需要特意怎样。

慢慢的，花的颜色没有了，变成了白色，
看起来完全如水中花一样，呈现出梦幻般的姿态。
加工制作过程中的每一个玻璃瓶都是一件艺术品，非常有趣。

花经过脱色、脱水之后，
再染上自己喜欢的颜色并干燥，
就完成了。

于是，花朵美丽的姿态和质感被直接保留下来，
花的颜色是自己喜欢的颜色，
花朵开放的时间却比鲜花长很多很多。

经过这一切加工之后得到的花就称为
“永生花”。

市面上也有加工制作好的永生花成品出售，
用这些花制作装饰品也不错。
但是，能体会制作乐趣、将记忆定格，
带来更多快乐，
是手工制作永生花最有魅力的地方。

永生花可以长时间保存和欣赏，
可以直接用作装饰，
可以制作成永生花盒之类的礼物，
覆膜之后制作成首饰也很秀逸。

美丽的永生花和锁定在花中的记忆与心情，
将一直陪伴在你
或某个重要的人身边。

前 言

小时候，在大自然怀抱中长大的我，看到可爱的小花总忍不住想要带回家。将花摘下来，夹在笔记本中间。半夜里在床上悄悄打开笔记本，感觉无比幸福。黄色、粉色、红色……把它们放在身边，直到花儿完全褪色。对我来说，这曾是一件非常高兴的事。

至于保存鲜花的方法，当时还年幼的我只知道“押花”一种。后来，我逐渐学会了将鲜花自然干燥成干花、将花放入氧化硅胶中制作成干花等新方法，还在美国学会了冻干花，可以说是乐在其中。这几种方法有一个共通点，就是将花中的水分去掉从而将花保存下来。

制作永生花时，去除花中水分的工作是借助以酒精为主要成分的液体来完成的。花中的水分被置换成特殊的液体后，花朵不会枯萎，而是很漂亮地保存下来。稍有遗憾的是，去除水分的时候，色素也一起被去除了。不过，也正因为如此，才可以将喜欢的花染成各种各样的颜色，而不是只有原来一种颜色。

如今，加工好的永生花制成品在市场上也很多，很容易买到。但是，自己动手加工制作原创永生花所带来的乐趣是买不到的。而且，通过学习制作永生花，对永生花制成品的保管照顾能力也会更上一层楼。如果再学会给褪色的花再次染色等技术，得到的乐趣就更多了。

我从知道可以自己动手制作永生花开始，就一直为它着迷，至今已近二十年了。我很高兴能用自己的手将美丽绽放的花制作成永生花。儿时那种美丽的心情还一直保留在我的心中。今天我又一次感到“自己动手制作永生花”是最大的乐趣。

制作的乐趣、装饰的乐趣、赠送的乐趣以及佩戴在身上的乐趣……带着这样精彩的永生花，怀着要与大家分享的心情，我写了这本书。如果能有人在看了这本书之后、开始享受自己动手制作永生花带来的乐趣，那么，对我来说，不会有比这更高兴的事了。

目　录

Chapter <1>　手工制作永生花，如此快乐

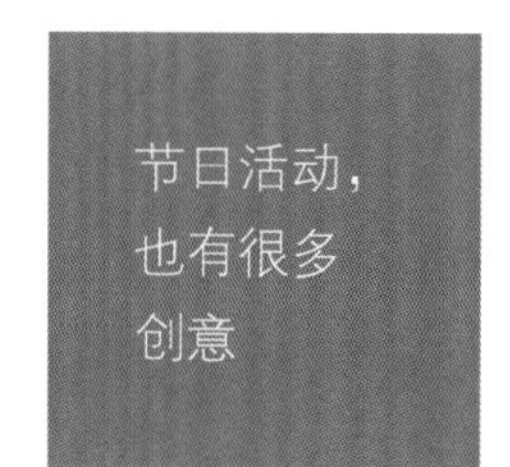

节日活动，
也有很多
创意

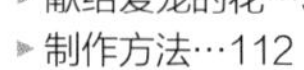

制作成首饰，
很漂亮

Chapter <2>　永生花制作基础知识和技术

Chapter <3>　作品制作过程详细介绍

Chapter

手工制作永生花，如此快乐

—

手工制作永生花，能够用来干什么呢？

满载思念的礼物，漂亮的室内装饰，

珍藏的首饰。

多种多样的永生花应用方案！

小盒子中一朵特别的花

颇具存在感的花，即使只有一朵花，也是特别的礼物。
可捧在手掌中的小盒子里，盛放的是一朵彩虹色玫瑰。
现实中没有的、想象中的花色，只有永生花才做得到。

| 制作方法 | 第 *87* 页 |

当作礼品包装使用的盒装花

鲜艳的郁金香和康乃馨，染成雅致的黑色。
黑色的“绒布”上轻轻地摆放着银质的礼物。
将盒装花当作礼物包装使用的创意。

| 制作方法 | 第 *88* 页 |

毛茸茸的迷你花环

黄色的手鞠草（瞿麦）花环、绿色的绣球花花环、粉色的千日红花环。
保留了鲜花质感的永生花，
毛茸茸，
手感也很舒服的花环。

| 制作方法 | 第 90 页 |

粉红色的绣球花相框

一张好的照片，

必须有一个特别的相框！

就可以变得这样可爱。

| 制作方法 | 第 *91* 页 |

幸福的透明铃兰花束

给人带来幸福的花——铃兰。
制作成永生花之后，
白色的花变得略透明，呈现出更加梦幻的风姿。
把永不枯萎的铃兰扎成一束，
将永远的幸福送给最重要的人。

| 制作方法 | 第 *92* 页 |

可移动的空气凤梨

空气凤梨看似顽强，实际上稍不留神就容易枯死。
制作成永生花，就再也不用担心了。
直挺挺的可爱身姿，装在可移动的框架中，
成为一种摆件。

| 制作方法 | 第 *105* 页 |

果实的立体艺术

切成薄片的莲藕、粒粒饱满的嫩玉米、
金橘、无花果和蘑菇，
从小卖店中买来的小木盒里，
装满了蔬菜和水果。
宛如立体的艺术！

| 制作方法 | 第 *94* 页 |

让季节性花卉全年开放

庭院中盛开的鸡蛋花，想看到它一直开放吗？
制作成永生花吧。让画框里的画活起来。
一个让原只能开放一季的花四季长开的魔法。

| 制作方法 | 第 95 页 |

用花当颜料在画布上作画

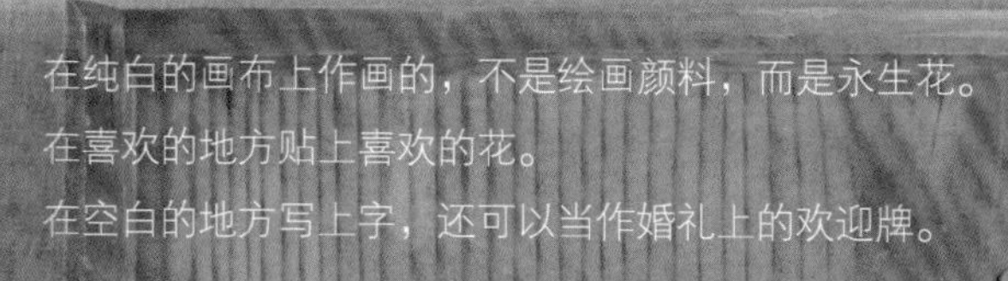

在纯白的画布上作画的，不是绘画颜料，而是永生花。
在喜欢的地方贴上喜欢的花。
在空白的地方写上字，还可以当作婚礼上的欢迎牌。

| 制作方法 | 第 *96* 页 |

花朵首饰盒

最适合放首饰、点心等小件物品的小盒子，
透明的盒盖既让盒子中的物品避染尘埃，
又让盒子中的东西一目了然。
快将自己喜欢的东西放进去吧！

| 制作方法 | 第 97 页 |

玫瑰和绣球花组成的花冠

既保持花的柔软质感，又不会枯萎的永生花，
非常适合制作花冠等贴身饰品。
戴上玫瑰与绣球花组成的花冠，
不论自己还是周围的人都一定会怦然心动！

| 制作方法 | 第 98 页 |

玫瑰花瓣派对包

奢侈地贴满玫瑰花瓣的女包，最精彩的华丽冲击。
无论是配合休闲自然风格、还是搭配性感的服装，
都绝对新锐、有创意！

| 制作方法 | 第 *100* 页 |

摆在那里，就很可爱

在摆放普通首饰、钥匙的地方，
只需摆上一朵制作精美的、
喜欢的永生花，就非常可爱。
每一天的小确幸。

| 制作方法 | 第 *103* 页 |

大丽花香氛

让人心荡神驰的大丽花，
制作成永生花虽然有一定难度，
但是制作成功后是如此漂亮。
简单的香氛也因为大丽花而变得更高级。

| 制作方法 | 第 *102* 页 |

小小盆栽

将经过永生花加工的树枝和花自由组合在一起，
种在小花盆中，作为室内装饰。
将实际上不可能生长在一起的花组合在一起，也是一种乐趣。
不需要浇水，也不需要打理。

| 制作方法 | 第 *106* 页 |

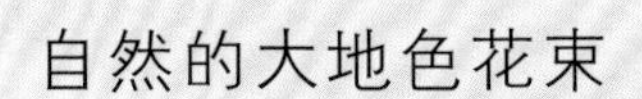

自然的大地色花束

将白色的法兰绒花和厚叶子的尤加利
稀疏地扎成一束。
色彩绚丽的永生花固然充满了魅力，
自然色其实也很美。

| 制作方法 | 第 *104* 页 |

蓝色的水平式造型

形状如打开的双臂一般优美的水平式作品，
主角是染成蓝色的飞燕草。
这种精致的作品，制作难度越大，越有制作的乐趣，
让人着迷。

| 制作方法 | 第 *107* 页 |

L 型造型的蓝色玫瑰

整枝制作成永生花的蓝色玫瑰，
利用长长的花茎制造出字母L的造型，
紧凑又鲜艳的蓝色玫瑰十分引人注目，
成为一个漂亮的插花作品。

| 制作方法 | 第 *108* 页 |

新年的迷你门松

经过保鲜加工的菊花、木贼，再简单地
点缀一个装饰结，
就变成可以装饰在桌上的迷你门松。
再用别的花材制作一个，并排放在桌上，
就会乐趣倍增。

| 制作方法 | 第 *110* 页 |

女孩节的菱饼

叶牡丹染成桃红色、白色、绿色（菱饼的颜色），
一下子就变成了女孩节的主角。
用叶牡丹制作永生花基本不会失败，形状也多种多样，
特此推荐给大家。

| 制作方法 | 第 *111* 页 |

献给爱宠的花

对于家里曾经的重要成员——宠物，
每到盂兰盆节、宠物的忌日，也要献花。
回想它活着时的样子，
献上一束饱含思念的花。

| 制作方法 | 第 *112* 页 |

手作快乐复活节

在经过保鲜加工的南瓜中放入染成黄色的满天星，
当作南瓜的果实。
和透明的银扇草灯搭配在一起，
就可以开派对了！

| 制作方法 | 第 *113* 页 |

秋日红叶正当时

红色、黄色，色彩艳丽的叶子是秋天里的风景诗，
有名的景点总是挤满了人。
将红叶做成小小的苔玉风格，
让我们在家里也能赏红叶。

| 制作方法 | 第 *114* 页 |

冬天的小树林和温暖的家

在杂货店发现的迷你木房子，装饰上满天星。
将染成同样颜色的澳洲地肤像树一样立起来，
呈现出一派冬日街景！
圣诞节的时候还可以摆上圣诞老人和雪人。

| 制作方法 | 第 *115* 页 |

制作成首饰，很漂亮

大花朵简洁胸花

| 制作方法 | 第 *116* 页 |

开放在手指上的迷人玫瑰戒指

| 制作方法 | 第 *117* 页 |

小向日葵发饰

| 制作方法 | 第 *118* 页 |

小向日葵发饰

有朝气的小向日葵发饰，
给人留下一个有格调的背影。

| 制作方法 | 第 *118* 页 |

开放在手指上的迷人玫瑰戒指

仿佛玫瑰在手指上开放一样，美得迷人。
戴上如此精致的花，
一举一动也变得更高雅。

| 制作方法 | 第 117 页 |

大花朵简洁胸花

墨绿色的圣诞玫瑰给人以成熟的印象。
即使佩戴在最普通的衣服上，
外出时也可提升气质。

| 制作方法 | 第 *116* 页 |

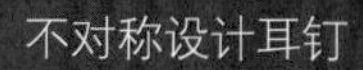

不对称设计耳钉

| 制作方法 | 第 *122* 页 |

纯白色耳饰

| 制作方法 | 第 *120* 页 |

小玫瑰耳钉

| 制作方法 | 第 *123* 页 |

栀子花开高雅项链

| 制作方法 | 第 *119* 页 |

纯白色耳饰

白色星星重叠而成的耳饰
是让女性侧脸更加性感的秘密武器。
让优美的纯白色围绕着自己吧。

| 制作方法 | 第 *120* 页 |

不对称设计耳钉

一对耳钉，左右两边的花颜色各异。
古典、非对称的灰色与紫色，
摩登由此诞生。

| 制作方法 | 第 *122* 页 |

栀子花开高雅项链

想引人注目时，佩戴花朵首饰是最好的选择。
华丽又优雅的花，是紧身衣上主角级的存在。

| 制作方法 | 第 *119* 页 |

专栏

婚礼后的花束

也许你以为本页和下页的花束是完全不一样的吧。实际上它们是同一束花。左侧是鲜花，右侧是用同一束鲜花制作而成的永生花。这样一来，婚礼上捧在手上的那束花，又可以摆在家里、以室内装饰的形式出现了。我把它称作“婚礼后的花束”。

纯白色的是美丽的婚礼用花束。白色的康乃馨清晰地体现出婚礼花束的传统形象。并非所有的花都可以加工制作成永生花。如果打算将婚礼用花束加工成永生花，建议选择康乃馨等容易制作成永生花的品种（见右图）。

49页的花束是在本页花束的基础上制作而成的永生花。制作方法是将鲜花花束拆开，先一枝一枝地浸泡在脱水液中，然后再分别浸泡在想要的颜色的保存着色液中。具体到这束花，白色被染成了高贵的紫色和粉红色。在加工成永生花之后，再像扎鲜花花束那样组合成花束。

before...

after!

Chapter

2

永生花制作基础知识和技术

—

手工制作永生花的基本点。
只要掌握了这些点，即使是初学者
也能立即上手，
甚至进一步深入掌握应用技术。

首先，最重要的是加工液

手工制作永生花，不能少了永生花加工液。因为用途不同、颜色不同，加工液有多种多样。但是，最基本的只有两种：用于给花脱水、脱色的“脱水液”和用于保存、着色的“保存着色液”。在很多网店都能买到。

脱水液

脱水液以乙醇为主要成分。这种脱水液能置换花中的水分，并使花脱色。脱水液的使用方法很简单，将花长时间浸泡在脱水液中即可。脱水液可以反复使用2~3次。

保存着色液

用于给花着色的加工液，色彩变化也很丰富。着色液有溶剂、水性两大类。溶剂类着色液的着色效果更浓，深色的比较多。水性类着色液的着色力比溶剂类弱一些，抗紫外线能力也弱一些，但是颜色淡雅、优美，魅力十足。保存着色液可反复使用5~10次。

○因为主要成分是乙醇，所以要注意防火，特别是吸烟时要注意。

○操作过程中，室内要勤换空气。

○加工液保管方面要避免阳光直射、避免低温。温度太低时液体会凝固，此时可以将加工液装入容器里，然后将容器放入35 ℃以下的温水中，隔水加热。

还想知道更多

关于保存着色液

保存着色液分很多种。我比较常用的厂家的保存着色液分为“B液”“新B液”“特新B液”三种，其中的每一种又分别分为溶剂类和水性类两类。使用哪一种哪一类，应根据它们各自的特性来决定。

B液

最标准的着色液。一般用它就可以。

新B液

适合小细花。

一洗就掉色，所以制作过程中不需要洗净这一个步骤。

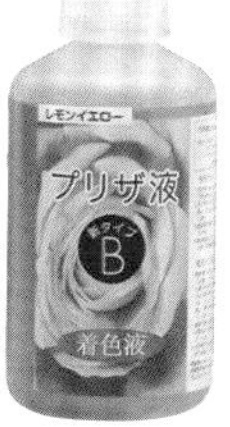

特新B液

干燥情况比较好，是梅雨季节等湿度较大情况下最重要的加工利器。用特新B液浸泡后，制成品的质感比用B液浸泡加工的要硬一些。

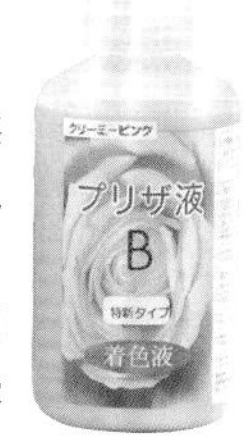

颜色

以上为溶剂类着色液

以上为水性类着色液

颜色

以上为溶剂类着色液

以上为水性类着色液

颜色

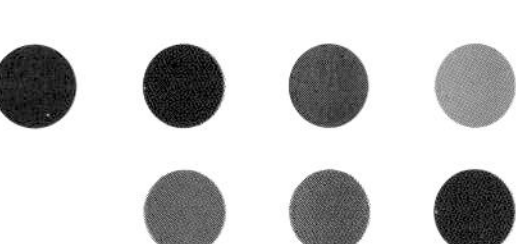
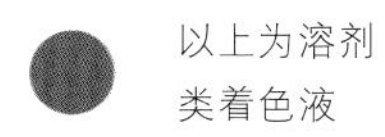

以上为溶剂类着色液

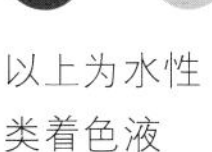

以上为水性类着色液

Memo

天然生物液　有它更简便

透明色

透明色溶剂。想保留花材脱水、脱色后的颜色时用，想将其他颜色变浅时也能用。在需要增加色彩变化时也常常用到。

玫瑰用

玫瑰、绣球花专用液。只需将花材放入加工液中浸泡三天以上就能完成。虽说名叫玫瑰、绣球花专用液，其实其他的花材也能用，效果也很漂亮。挑战一下，试试吧。

只用一瓶就完成的类型

还有一类加工液，只用一瓶就能完成永生花制作加工，不需要使用第52页的脱水液和保存着色液两种加工液。虽然能适用的花和植物有限，但是使用效果非常好。

叶和小花用

叶专用液。利用植物会往上吸水的机制制作永生花，效果非常好。满天星、芒草、银扇草、狗尾草等叶和小花都适用。

South Africa's rhinos
The Japan News
SINGAPORE
How to rejuvenate night markets?
THE STRAITS TIMES
"Pasar malam are part of our culture and there is value in keeping them alive"

工具

除了加工液之外，还有一些基本的工具。有了它们，加工制作起来会非常方便。不一定要一模一样的，类似的工具也可以，只要有这个功能就行。

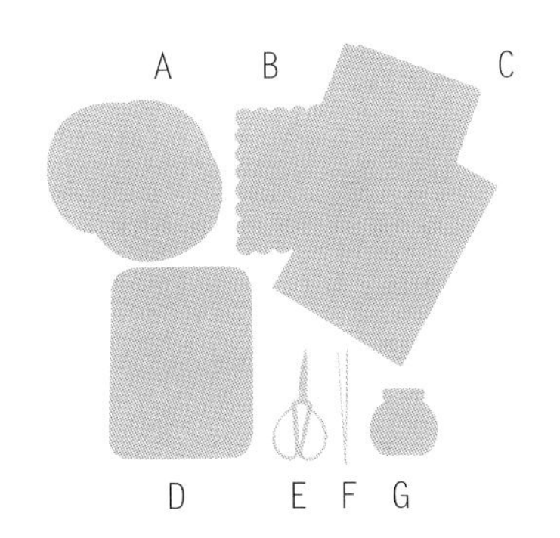

A 纸盘子

需要将在加工液中浸泡好的花材干燥时，纸盘子可作为工作台使用。纸杯子也可以。如果都没有，也可以用旧报纸代替。为避免花的颜色互相串染，每用一次就得换新的。

B 防猫网

防猫网是用在花坛边、防止猫进入花坛的塑料网。制作永生花时，也常用来摆放需要干燥的花材。干燥花材的时候，要避免花瓣相互粘在一起。所以，让花朵保持漂亮的形状、不散是重点。除了超市外，在小卖店也能买到防猫网。

C 旧报纸

铺上旧报纸，可以避免加工液溅得到处都是。加工液的颜色不容易去掉，所以操作时最好提前铺上旧报纸或防水布。

D 盘子

盘子用于放置从容器中取出的花材，或者用作放在防猫网下的托盘。加工永生花时，如果有一个盘子会方便很多。也可以用厨房里的浅盘代替。

E 剪刀

可以用于花的前期处理等。最好用的是修剪花木用的专用剪。剪铁丝的话，可以用铁丝专用剪。

F 小镊子

用小镊子进行操作而不是用手直接操作，可以避免手部因为加工液或者花材的刺激而变得粗糙和干燥。在进行将花材从加工液中取出、整理花形等精细操作时，也要用到小镊子这个万能工具。如果再有一双尼龙手套，操作起来就更方便了。

G 带盖容器

在脱水、着色、洗净、干燥等永生花加工制作程序中必须用带盖容器。用带盖容器是为了防止加工液蒸发。不过要避免使用丙烯基材质的容器。

基本制作方法

虽然不同种类的花在制作方法上有一些差异，但基本流程是大致相同的。
首先，我们选择加工方法最简单、最不容易失败的花——康乃馨来学习最基本的制作方法。

康乃馨

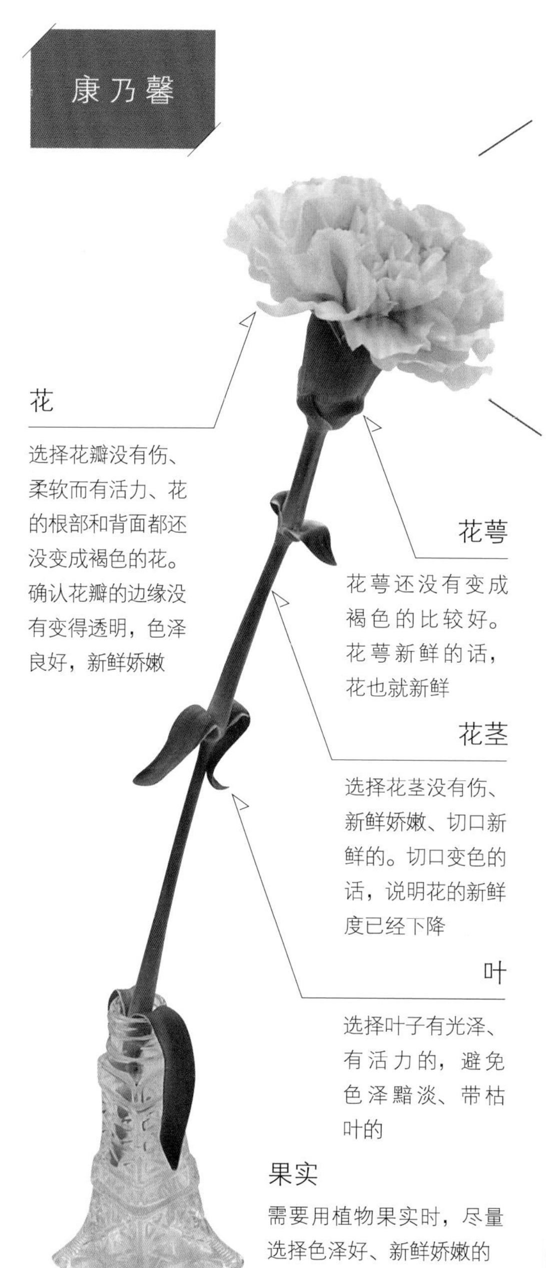

花

选择花瓣没有伤、柔软而有活力、花的根部和背面都还没变成褐色的花。确认花瓣的边缘没有变得透明，色泽良好，新鲜娇嫩

花萼

花萼还没有变成褐色的比较好。花萼新鲜的话，花也就新鲜

花茎

选择花茎没有伤、新鲜娇嫩、切口新鲜的。切口变色的话，说明花的新鲜度已经下降

叶

选择叶子有光泽、有活力的，避免色泽黯淡、带枯叶的

果实

需要用植物果实时，尽量选择色泽好、新鲜娇嫩的

开始制作前

对于制作永生花来讲，花的状态好不好非常重要。要在花丧失元气、蔫掉之前，让花吸足水，开始永生花加工。对花的检查要点如下。为了取得好的制作效果，一定要认真检查。

Memo

让花吸足水的方法称为“补水”。不同种类的花，补水方法也不同。
下面介绍四种主要的补水方法。

◆ 水中剪

在水中，用剪刀斜着剪断花茎。康乃馨、玫瑰、郁金香、马蹄莲，等等，几乎所有的花都适合用这种方法。

◆ 水中折

在水中将花茎折断。珍珠花、满天星、菊花、雏菊等花茎可以“啪”的一下就折断的花适合用这种方法。

◆ 热水浸泡

花茎的下端留出约20厘米，用旧报纸将上面的部分包起来，然后将花茎的下端插入高度为3~4厘米的热水中浸泡约20秒，然后将花取出、再放入冷水中。聚藻、岩株、勿忘我、尤加利、含羞草等适合用这个方法。

◆ 深水浸泡

用旧报纸将植物包起来，把花头以下的其他部分全部浸泡在水中。此方法与其他方法并用会更好。以鸢尾、菖蒲等湿地植物为首的很多花都适合用这种方法。

脱水、脱色

将花泡入脱水液中，将花中的水分置换掉。
同时给花脱色。

花朵以下留2~3厘米的茎，其余全部剪掉。有的花保留长茎也能制作成永生花（如满天星、蕾丝花等）。

将脱水液倒入容器中，脱水液的量要足够浸泡整个的花。

3

将花浸泡在脱水液中，用小镊子或者戴着尼龙手套的手夹住花茎，在加工液中轻轻地转一转，将花瓣之间的空气排除掉。

4

盖上盖子，放置12小时以上。等花萼的颜色被去掉、变成白色之后，脱水、脱色的工作就完成了。

Memo

不同种类的花，脱色效果不完全一样

有的花脱色脱得很干净，有的可能脱得不彻底，变成浅灰褐色。这个从鲜花的状态是无从判断的，只有浸泡到脱水液中之后才能知道。例如，即便是纯白色的花，有的制作成永生花后也不鲜亮，而是花色发暗。

对于这种情况，最有效的是称为“两次脱水”的方法。即将上述脱水、脱色的操作重复进行两次。通过用新的脱水液再次脱水、脱色，让花变得更白、更美。经过两次脱水的花，放入透明色的保存着色液中浸泡之后，就能得到清澈的白色花朵。

左／将花从已变成黄绿色的脱水液中转移到新的脱水液中。
右／经过两次脱水的玫瑰，白得清澈。

保存、着色

让去掉水分的花吸入保存着色液，代替被去掉的水分。
同时进行着色。

1

将保存着色液倒入容器中，液体的量要足够将花完全浸泡在其中。这里使用的是亮橙色溶剂。

2

将一朵已经完成脱水、脱色工序，花萼已经变成白色的花放入保存着色液中。（完成脱水、脱色后，脱水液已经变成黄绿色，这是因为色素已经从花朵中溶出，溶到了脱水液中。）

3

如果花朵从液体中浮起来，最好是将一张厨房用纸放进去、盖在花上，再盖上盖子。

4

盖着盖子，放置12小时以上。整朵花都完全吸收了颜色之后，着色工作就完成了。

Memo

快乐的一步完成法

制作永生花，通常都是用脱水、脱色的脱水液和保存、着色的保存着色液两种加工液来完成的。不过，有的花材只需要用一种加工液就能完成。

玫瑰花，只需要用“玫瑰花专用液”这一种加工液浸泡，就可以完成脱水和着色的工作。草系花材也只需要用吸入式的“叶专用液”这一种加工液就能完成脱水和着色的工作。

洗净、干燥

将已经脱水、着色的花洗净、干燥，让花变漂亮。

1

将在保存着色液中浸泡12小时以上的花取出，再次放入脱水液中，轻轻晃动几秒，将多余的着色液抖掉。不过，动作要快，以免特意花那么多时间染上去的颜色又没了。

2

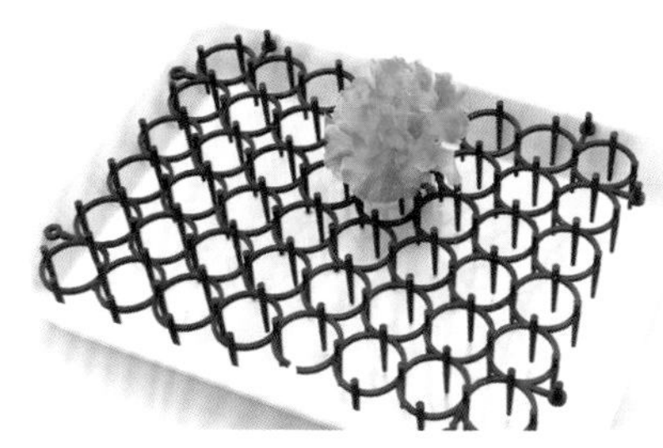

将花摆放在防猫网、纸盘子等即使染上颜色也没有关系的器皿上干燥。干燥时间根据温度、湿度的不同而不同，从二三天到一周左右。

3

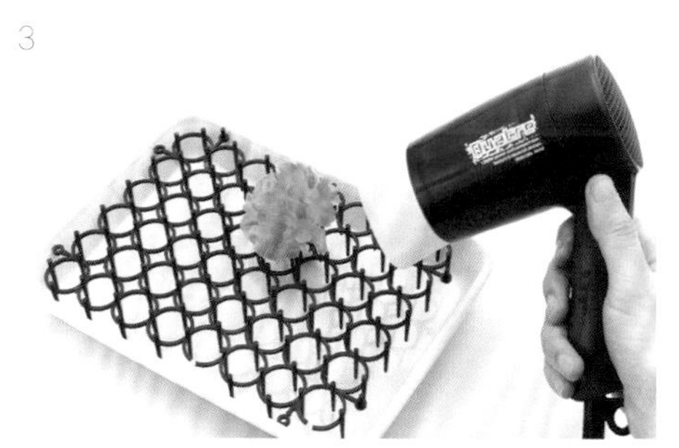

如果想让花干燥得快一点，可以使用吹风机。由于花瓣都非常柔弱，所以只能用弱风轻轻地吹。

4

完全干燥之后就完成了。如果不立即用于装饰的话，最好放入盒子、箱子中保存，避免强光照射。

Memo

“洗净”的知识

着色之后的洗净工作，实际上非常重要。如果省去这一步，花朵表面就会有着色液残留在上面，这不仅损害花瓣的质感，还容易掉色。不过，有的加工液是不能洗的。例如用玫瑰、绣球花专用液或叶专用液等加工液加工而成的永生花，就不能洗。

着色技术：如何染出自己想要的颜色

保存着色液的颜色变化丰富多彩，所以，可以通过自己混合保存着色液的方法调出自己想要的颜色。可以是跟原来略有不同的颜色，也可以是由截然不同的颜色混合而成的、微妙的混合色。一旦学会调色，我们将体会到更大的乐趣！

着色技术 1

混合着色液

可以像混合绘画颜料一样，将保存着色液混合、制造出新的颜色。需要注意的是水性类保存着色液与水性类保存着色液混合、溶剂类保存着色液与溶剂类保存着色液混合，绝对不可以将水性类保存着色液和溶剂类保存着色液相混合。

例如，水性的浅绿色＝水性保存着色液中的“柠檬黄色”＋“天蓝色”

1

先将柠檬黄色的保存着色液倒入容器中，再将天蓝色的保存着色液慢慢加入到其中。这里最重要的是要按照先浅色后深色的顺序倒入保存着色液。如果先倒入深色保存着色液的话，就不容易看出颜色的变化。

2

混合到出现自己喜欢的颜色为止。混合而成的加工液最后染出来的颜色如上图所示。溶液颜色深的时候，要判断实际的颜色比较困难，这时可以将溶液滴在白色复印纸上进行确认。

3

颜色配好之后，将已经脱水、脱色的花放入，然后按照保存着色、洗净、干燥的顺序逐步完成永生花制作工序。

着色技术2

往透明色的保存着色液中混合颜色

往透明色的保存着色液中加入颜色，可以表现出微妙的颜色浓淡深浅。加入的颜色也可以不止一种。淡淡的、有透明感的颜色能更好地体现出花朵的纤细。

例如：浅灰色＝透明色保存着色液＋黑色保存着色液

1

先将透明色保存着色液倒入容器里，再将想变浅的颜色加入其中。这里选择的是黑色。建议用小镊子等工具几滴几滴地加入，可以更精确地调整颜色。

2

将第1步中得到的混合液体混合均匀，调出想要的颜色。深色的溶液加一点点也会使颜色变得很深，所以要边混合边确认才更保险。如果想调出浅一些的颜色，就需要更细心地操作。

3

得到自己想要的颜色之后，将已脱水、脱色的花朵放入其中。再经过着色、干燥后即完成。虽然着色液的颜色看起来比较深，完工后却会变成图片上所示的、有透明感的浅灰色。

Memo

偶尔有颜色残留

有的花在经过脱水液浸泡，脱水、脱色之后，仍然会有颜色不能被完全、彻底地去掉的情况。这和我们眼睛看到的花色没有关系，而是与花朵原有的色素有关。是否会有颜色残留，只有经过实际的脱水、脱色之后才能知道。九重葛、鸡冠花（深红色）、千日红（粉色）等比较容易出现颜色残留。

完成例

1

将九重葛放入脱水液中浸泡一天后的样子。虽然脱去了一些颜色，但是仍然残留着一点原来的颜色。

2

将经第1步处理过的九重葛放入透明色保存着色液中浸泡，放置约1天后取出，将其干燥。

It's a colourful world!

手工制作永生花的乐趣就在于，能制作出仅属于自己的颜色的花。利用混合得来的溶液，能制作出自然界并不存在的颜色的永生花。让我们享受丰富多彩的颜色带来的乐趣！

可以制作成永生花的花材有很多

肉厚、结实的花最适合制作永生花。
当然，首先要新鲜。
同样的一种花，因为具体品种不同、状态不同，有的适合加工制作永生花，有的则不适合。

玫瑰是几乎所有人都喜爱的一种花。玫瑰的种类很多，不同品种的玫瑰，在制作永生花时有不同的秘诀。最基本的原则是选择和想要染成的颜色同色系的花来进行加工，最后制作出来的永生花成品就会很漂亮。不过，在熟练掌握加工方法之前，成功的秘诀是选择花瓣肉厚而结实的花朵。下面将玫瑰分成三大类进行介绍。

标准玫瑰

一根花茎上开一朵比较大的花，这种类型的玫瑰称为“标准玫瑰”，容易加工成永生花的品种有伊丽莎白、地平线、德丽拉、罗勒那、芬德拉等。

漂亮的灰色与漂亮的花形相得益彰

加工秘诀

标准玫瑰只需要按基本方法制作就可以。图片中的伊丽莎白玫瑰容易脱色，效果漂亮，特此推荐给大家。

小花枝玫瑰

在一个花茎上开好几朵花的类型，称为“小花枝玫瑰”。小花枝玫瑰大多数花朵小、颜色浅，脱色、染色都很容易。适合加工成永生花的品种是丽迪亚、玛尼修。花朵比较小的适合一枝一枝地加工，很漂亮。

加工秘诀

因为花朵小，好几朵一起浸泡在溶液中也没问题，所以可以一次做出很多朵。小小的玫瑰花朵，从尺寸上来讲非常适合制作成首饰。

可爱的蜡笔色

着色后的样子

老玫瑰

和比较新的品种、改良后的现代玫瑰相比，保留了玫瑰自古以来的各种要素的品种称为“老玫瑰”。如今在鲜切花市场中常常看到的，并不是严格意义上的老玫瑰，但是因为花姿优雅，受到广泛喜爱。

着色后的样子

与原花色接近的、鲜艳的粉色

加工秘诀

因为老玫瑰的花瓣大、花茎纤细，所以要轻拿轻放。图中所示的是称为伯爵的品种。这种深紫色的花因为彻底脱色难、花形容易损坏，加工起来有些难度。但是在自己加工制作永生花的过程中可以体会到直接购买永生花成品无法体会到的美与乐趣。花瓣柔软、花形无法集中的时候，可以借用羽毛球的骨架来保持花形。将羽毛球骨架下的橡胶头取掉，将花茎从这里穿过去，下面用夹子固定即可。

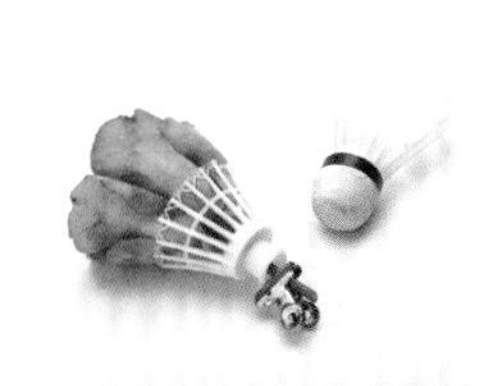

洋桔梗

随着近年来品种改良的发展，像玫瑰那样漂亮的花越来越多，人气看涨。

加工秘诀

花瓣多的重瓣花适合制作永生花。因为花瓣多而柔软，花形容易受损，干燥的时候应将厨房纸折叠后插入花中，防止花形受损（下图左下）。厨房纸良好的反作用力可以起到很好的支撑作用。

着色后的样子

优雅的紫色

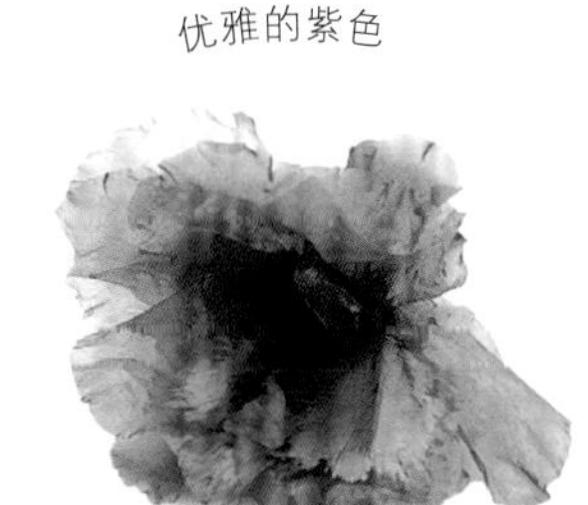

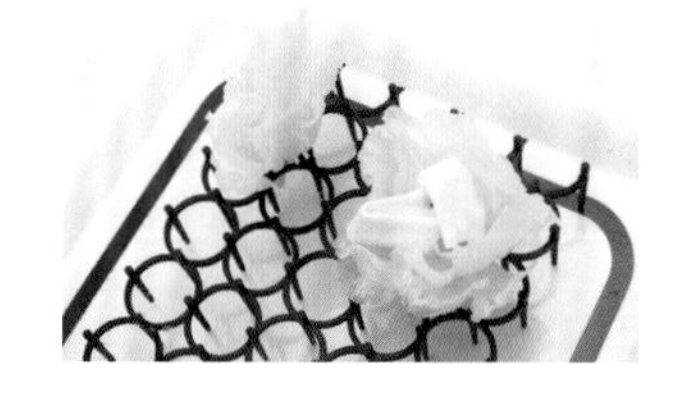

花蕾也一起加工。目前市场上还没有用花蕾加工而成的永生花成品出售，所以非常珍贵

蝴蝶兰

兰花中的一种。花期长，观赏时间长，是很受欢迎的一种观赏用花。

加工秘诀

开花时是从下往上次第开放，所以越往上、花越新鲜。下方的花朵，花瓣薄，也可能受伤，不适合制作永生花。要用从下往上数第2朵以上的花，这点很重要。也可以将花蕾一起加工。

着色后的样子

可爱的亮橙色

满天星

小小的白色花朵如星星般可爱的花。
满天星不是浸泡在加工液中制作而成的，而是要吸入叶专用液。

加工秘诀

往容器中倒入深度为2~3厘米的叶专用液，然后将满天星插入其中，浸泡2~3天以上，就能加工成永生花，非常简单。连花的最顶端都能加工到。

虽然叶专用液只有绿、黄、红三种颜色，但是可以通过混合不同颜色的加工液的方法调出更多的颜色。例如，下面的图片就是用绿色＋黄色调出来的加工液加工而成的满天星。通过调整各种颜色的叶专用液的分量，可以使得到的颜色发生微妙的变化。

很多叶子都可以用吸入叶专用液的方法加工成永生花。芒草、狗尾草等染上各种各样的颜色后也是意想不到的美。吸了各种各样颜色的满天星，远远看起来毛茸茸的，仿佛连空气也要被染上颜色一般可爱

着色后的样子

季节性花卉

季节性花卉当中，有很多都易于制作成永生花。向日葵、仙客来、鸡冠花、牡丹、麻叶绣球菊等，这些本来只能在某一季节开放的花，制作成永生花之后就能长年开放，非常特别。所以特别推荐给大家。

向日葵

向日葵是有朝气的花，一提到夏天必定会想到这种花！这是一种寓意很强的存在。和手掌一般大小的向日葵花，如果加工得好，制作出的永生花毫不逊色于鲜花。花瓣上皱了的地方要耐心地用手给它展开。

加工秘诀

用脱水液脱水、脱色之后，用黄色的保存着色液进行着色。有色斑的地方，用笔将黄色的玫瑰、绣球花专用液涂在上面，覆盖掉，就变得漂亮了。花瓣扭歪的地方，戴上尼龙手套，轻轻地整理好就行。

Memo

将人造花的花朵部分拔掉，再将加工成永生花的向日葵换上去，简直就和原装的一样！花和茎的连接处涂上胶会更牢固。

庭院仙客来

红色的、粉红色的、白色的小花，在寒冷的季节里将花坛装扮得五彩缤纷。园艺专用的庭院仙客来姿态柔弱、楚楚可怜。仙客来的花茎纤细，应用铁丝加固后再加工制作永生花。

加工秘诀

庭院仙客来这类花茎纤细的植物，在加工成永生花的过程中，花茎容易折断。所以最好在开始加工之前用铁丝加固一下。叶子也最好用铁丝加固一下，在后面的加工过程中会更方便。铁丝建议使用26号的，在花材店、手工艺店都能买到。在用脱水液进行脱水、脱色之后，将花和叶分别放入红色和绿色的保存着色液中进行染色。

制作成永生花的向日葵和庭院仙客来。栩栩如生

着色后的样子

绣球花

绣球花很容易制作成永生花。加工方法比干燥还简单，而且，鲜花的柔软质感也能保留下来。用加工成永生花的绣球花来制作花冠、首饰，花瓣也不会掉。

加工秘诀

加工成永生花的方法有两种。

方法一

和基本制作方法一样

用脱水液进行脱水、脱色后，放入喜欢的颜色的保存着色液中浸泡、着色。图中所示是浸泡在脱水液中的绣球花。颜色已经被脱去了，很有点古董的味道。就这样直接当个装饰品，也像绘画作品一样有存在感！

方法二

用玫瑰、绣球花专用液制作

将玫瑰、绣球花专用液倒入容器中，放入绣球花，浸泡3天。为了保证每一处都染上颜色，没有遗漏，要时不时地摇晃摇晃。浸泡后不需要洗净。溶液的量不够将花完全淹没也没有关系。如果有染不到的地方，将容器颠倒过来放一放，就能完全染到了。

轻飘飘的良好质感，让人心情大好

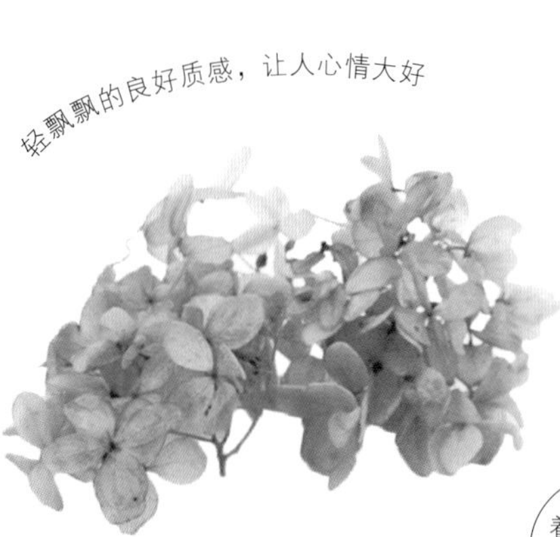

着色后的样子

Memo

绣球花既能加工成干燥花，也能加工成永生花。干燥的绣球花，不需要经过脱水工序，用上面的方法二就能直接加工成永生花。

蔬菜和水果

除了花，蔬菜和水果也能加工成永生蔬菜和水果。
蔬菜和水果独特的外形、圆滚滚的可爱状让作品别具一格。

加工秘诀

蔬菜从整体上来讲，放在加工液中长时间浸泡比较好。一般要泡1~5天，比较理想的是泡1~2周。彻底泡透之后，效果更好。基本方法是先用脱水液进行脱水、脱色，然后用喜欢的颜色的保存着色液进行着色。脱水、脱色后，如果残留的颜色很漂亮，可以用透明色保存着色液将这种颜色保留下来并增亮。

Memo

脱水液、保存着色液并不全都是新的也没关系。已经用过一次的加工液也没问题。
并不是所有的蔬菜都适合制作成永生蔬菜，白萝卜和土豆等就很难。

应用技术

掌握了基本制作方法之后，可以再学习，进一步享受永生花的乐趣。学一学应用技术及作品的创意设计。多学一点，绝对没错。

按基本方法浸泡到加工液中加工后完成的都是单色的花。而用本页所教方法制作的话，一朵花可以有很多种颜色。

要准备的东西

再染色液

再染色液是用于给一朵花重复染色、或者给褪色的花再次染色的溶液。这里使用的是粉红色、黄色、蓝色。也可以自行调制混合色。

制作方法

1

将再染色液分别倒入容器中，需要着色的是白色的花。干净的白色花容易着色，如果购买市面上出售的永生花来进行再加工的话，要注意这一点。玫瑰花需要先用铁丝加固一下，后面才更容易操作（铁丝的穿法参见第74页）。

2

将整朵花的1/3浸入黄色液体中停10秒钟。从浅色液体开始操作，能混合出很漂亮的颜色。

3

将花从溶液中拿出来，用纸巾将多余的溶液拭去。如果花朵上没有加固铁丝，可以用小镊子来完成这一操作，避免将手弄脏。

4

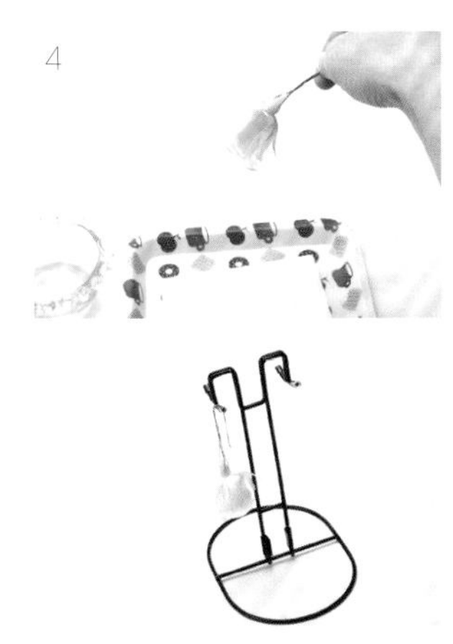

干燥的时候，要避免花面朝上。最好像图中所示那样，倒挂在某个架子上。

关键点

在染色过程中，千万不要将花的正面朝上。在加工液还没干之前将花正面朝上，多余的液体会流进花心深处，干燥会不彻底。如果染的不止一种颜色，还有可能造成两种或者多种颜色混在一起。下左图是在染色过程中将花正面朝上过后造成的结果。颜色混乱，不再漂亮。只有想做成彩虹花朵的时候，刻意制造的混合色才有意思。如果想让花上的加工液尽快干燥，可以使用吹风机。如下图右所示那样，将花的正面朝下，用电吹风从下往上吹。

5

黄色干了之后，将花的第2个1/3浸入粉色液体中，然后拿出来干燥，和黄色的操作顺序一样。

6

粉色干燥之后，将花的第3个1/3浸入蓝色液体中，然后再拿出来干燥。

7

完全干燥之后，就完成了！

Memo

干燥后，如果发现花朵还有白色的地方，可用小镊子在再染色液中浸一浸，再一点一点地给花补染上颜色。无论是染成彩虹色，还是如右图那样只染两种颜色，都是很时兴的。

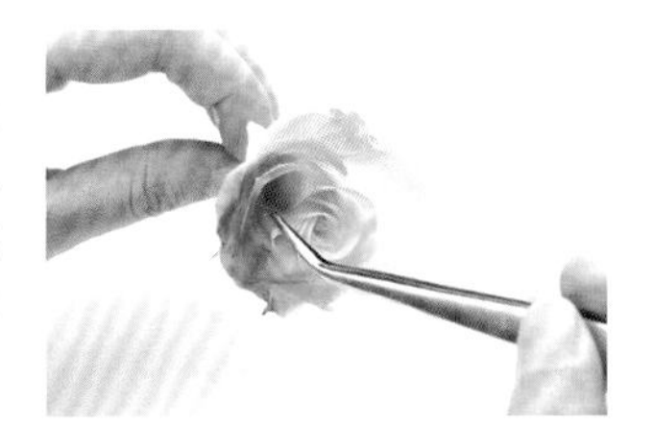

翻新技术

对褪色的花进行翻新的方法。
这种方法也用于彻底改变花朵的形象。
不妨用各种各样的颜色来试一试。

·要准备的东西·

再染色液

与制作彩虹玫瑰时所准备的一样。参见第72页。

玫瑰、绣球花专用液

再染色液没有的颜色，可以用玫瑰、绣球花专用液代替。玫瑰、绣球花专用液的色彩很丰富。详细情况参见第53页。

制作方法

用笔给白色花朵涂上粉红色再染色液。只有边缘夹杂着粉红色，非常的罗曼蒂克。

玫瑰、绣球花专用液也能直接用笔涂在花朵上。这里是将一朵白色玫瑰的一半涂成红色，变成摩登的形象。

Memo

非常有用的技术——穿铁丝。穿铁丝是指用铁丝对花和叶进行加固，使操作更方便的技术。制作永生花，很多时候只对花朵部分进行加工，所以在操作处理过程中，这根铁丝很重要。这里介绍的是通常使用的、最简单的方法。而那些花茎特别细的花，用的方法会有所不同。

1

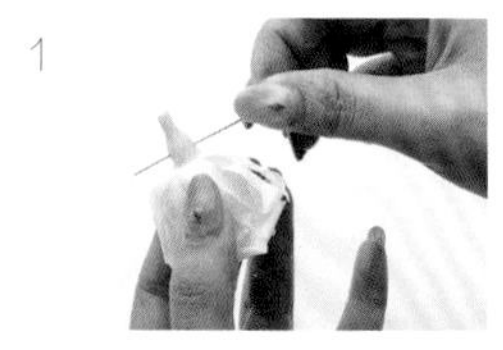

将一根长约20厘米的24号铁丝从花茎最结实的地方扎进去。

2

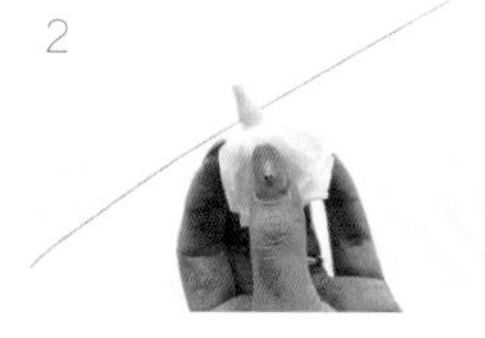

轻轻地拉动铁丝，让花位于铁丝的中间。注意不要伤到花朵。

3

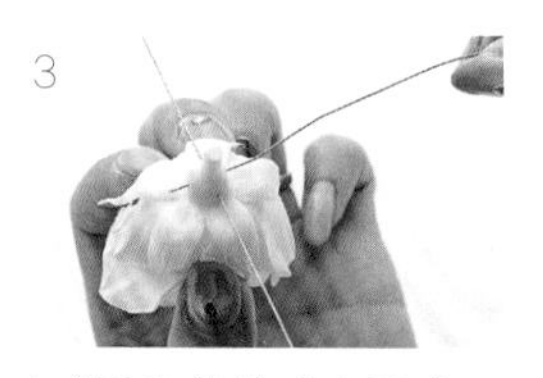

在第2步的基础上再穿一根铁丝，让两根铁丝交叉成十字。

4

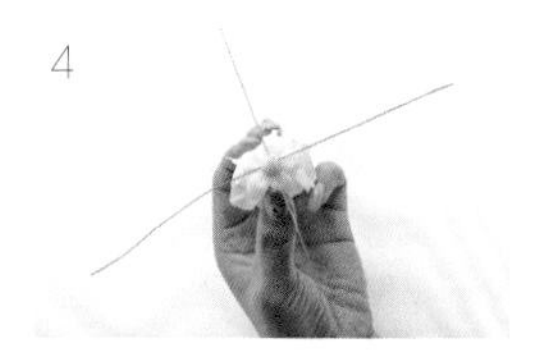

两根铁丝穿成十字的样子。

5

将铁丝往下弯曲。

6

完成。铁丝可以代替花茎，也可以当把手，在操作时非常方便。

夜光花

能在暗处发出美丽光芒的花。
圣诞节、生日、婚礼，在想给别人惊喜时，
能变颜色的花束效果非常好。

·要准备的东西·

夜光液

一种具有蓄光特性的液体，永生花放在这种液体里浸泡并干燥之后，就能在暗处发光。这里使用的是绿色和蓝色夜光液。绿色能发出更强的光。

制作方法

夜光液的特性是容易沉淀，所以，每一瓶夜光液在倒出之前都要好好摇一摇。

将摇匀的夜光液倒入容器中。为了避免成分沉淀，应用小镊子再搅一搅。

将永生花浸入液体中浸1~2秒，同时轻轻晃动。取出，然后干燥1~2小时，就完成了。

关键点

注意不要让花在液体中浸泡过长。因为液体中含有乙醇，长时间浸泡的话，容易将永生花中的加工液成分拔出来。夜光花最好使用白色花朵来加工制作，有颜色的花难以发出漂亮的光。

保留自然的颜色

鲜花经过脱水处理后色素会被拔出来，但是，如果使用天然生物液，有些种类的花可以将自然的颜色保留下来。颜色可能稍微有一点变化，但这也很有意思！右图中的蝴蝶兰，颜色深的就保留了原来的花色。

·要准备的东西·

天然生物液

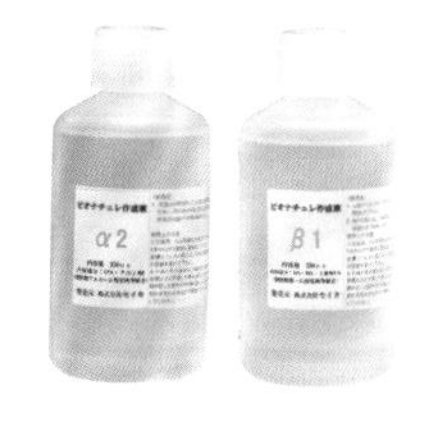

分“a液”和“b液”两种，每一种又分别有“1”和“2”两种液体。使用的方法和“脱水液”“保存着色液”一样。按照“a液”→“b液”的顺序分别浸泡6小时以上，然后将花朵干燥。不同种类的花，要分开进行。

制作方法

a1液+b1液（适用于大多数的花）

可以加工的花：玫瑰、向日葵、郁金香、大丽花、荷花、睡莲、鸡冠花、兰花（黄色）、千日红、洋桔梗（白色、粉色系）等。

a2液+b2液（适用于绿色较重的花）

可以加工的花：蝴蝶兰、飞燕草、龙胆、蓝星花、针叶树、玫瑰（绿色较重的品种）、洋桔梗（绿色较重的品种）、菊花等。

覆膜

给永生花覆膜可以增强永生花的强度。在将永生花加工成首饰之前，必须覆膜。覆膜还能避免花与花之间相互串染。覆膜用溶剂有软性和硬性两种。软性的对抗冲击能力强，所以推荐在将永生花加工制作成首饰前使用软性覆膜。

· 要准备的东西 ·

覆膜溶剂

软性溶剂能在保留花的柔软质感的同时增强花的强度；硬性溶剂会将花变成硬质的，抗冲击能力不太强，不适合用于制作随身配饰。覆膜溶剂还有带光泽和不带光泽之分，可根据自己的喜好进行选择。

制作方法

1

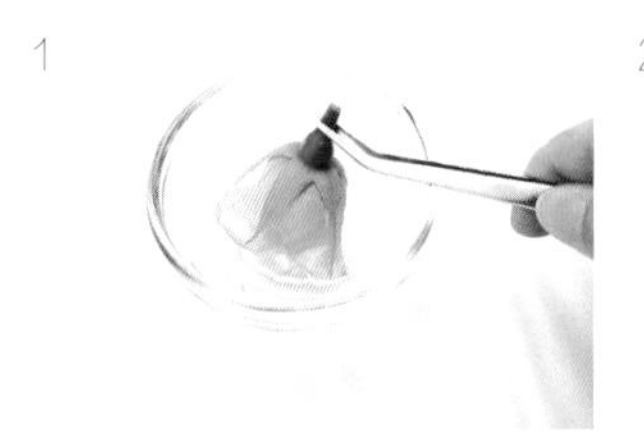

将覆膜溶剂倒入容器中，将要覆膜的永生花浸泡入溶剂中。

2

让花全部都沾上溶剂，不要有遗漏的地方。10秒钟后将花取出，花干燥后就完成了。

关键点

永生花在覆膜溶剂中充分浸泡。如果拿出来后立即将花头朝上，溶剂就会在花中间积存下来。所以，拿出来后应将花头朝下，让溶液滴干净。这样一来，花瓣的边缘就能很好地勾勒出来。

Memo

如果花很小，可以用笔沾上覆膜溶剂涂在花瓣上。花的背面、根部都要好好地涂上，可防止花瓣往下掉。

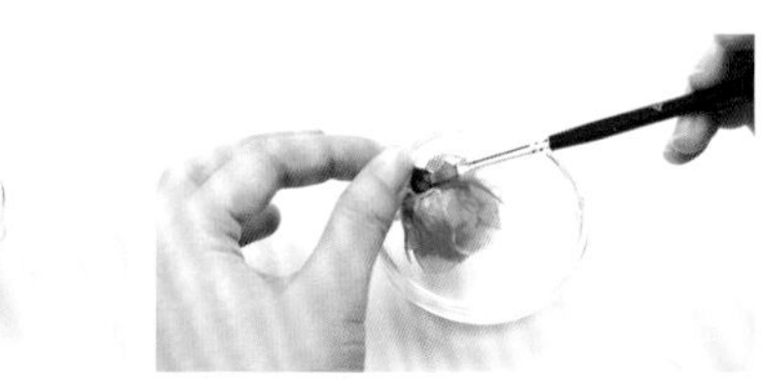

覆膜之后，不仅能防止花与花之间相互串色，还能增强花的抗冲击力。覆膜之后的永生花最适合制作首饰，自己制作一些首饰玩一玩吧

一整枝玫瑰

使用基本方法进行加工时，用保存着色液浸泡之后，花、叶、茎都会染成同一种颜色。如果想将花和叶染成不同的颜色，就得将花和叶分解后分别用不同的保存着色液浸泡，最后再用胶之类的粘在一起。但是，用下面的方法可以一次性将一整枝玫瑰的花和叶分别染成不同的颜色。魅力无比的蓝色玫瑰、略带蓝色的叶子，层次渐变，非常漂亮。

制作方法

1

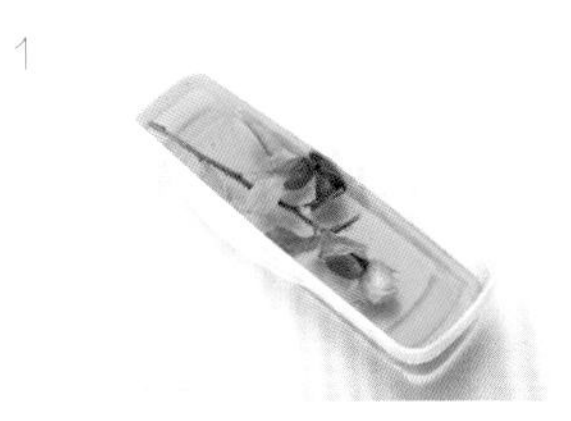

将玫瑰整枝浸泡在脱水液中，放置12小时以上。选择一个足够长的容器，以便能将一整枝玫瑰都浸泡进去。脱水液一定要使用已经用过一次的。

2

将脱水、脱色后的玫瑰浸入天蓝色的保存着色液中，盖上盖子，放置12小时以上。然后，将其彻底干燥，蓝色玫瑰就完成了。

关键点

脱水液一定要使用已经用过一次或者两次的，这一点很重要！使用已经用过一次的脱水液，才能保证后面用天蓝色的保存着色液浸泡后，花茎和花萼等能染上淡淡的蓝绿色。天蓝色的保存着色液会和玫瑰中的色素发生反应，不可思议地将花变成蓝色、将叶变成绿色。而其他颜色的保存着色液则只能将花和叶都染成同一种颜色。

如果有少数花瓣或叶子从液体中冒出头出来，可以拿厨房纸浸上保存着色液后盖在上面加以保护，避免干燥。

Memo

如果想让叶子的颜色更绿一些，或者在用天蓝色以外的颜色加工好一整枝玫瑰后想将叶子染成绿色，可以将除花朵以外的部分插入绿色的玫瑰、绣球花专用液中，浸泡15分钟左右就能变成绿叶。

保留花材原有的长度，整枝地进行永生花加工，完成后就和鲜花一样

永生花小知识

（1）什么花能加工制作永生花

花瓣特别薄、特别容易脱落的花不适合加工制作永生花。据说目前有约60种花可以加工制作成永生花。不妨挑选一个别人说不能加工成永生花的花来挑战一下，得到一个意外的结果也是很有趣的事情。

（2）脱水时间建议长一点

玫瑰、康乃馨等花瓣数量多的花，当花心包着、没完全开放的时候有可能会脱水不彻底。让花在脱水液中浸泡的时间再长一点（数日~数周），就能将花色彻底脱去。

（3）永生花的保存法

永生花宜保存在没有阳光直射的地方。不用时，宜将永生花放入盒子、箱子中保管。橱窗等有长时间灯光照明的地方也不好。此外，永生花不耐潮，所以在梅雨季节有必要控制好湿度，除湿器、空调、干燥剂等都可以充分利用起来。不过，除湿器、空调的风不能直接对着永生花吹。一旦湿度过高，花的颜色容易染到其他的花和物品上，这一点必须要注意。

（4）干燥后花朵黏糊糊的，怎么办

保存着色、干燥后，如果花的某些部分黏糊糊的，说明还有多余的加工液，宜擦拭干净。最好是用棉棒将黏糊部位多余的加工液擦拭掉。

（5）用过的液体怎么处理

用20倍的水稀释后倒掉；或者用流水冲，边稀释边倒掉。

（6）花瓣上起水泡，怎么办

有时，花瓣吸收了过多水分会鼓起水泡。如果花瓣上出现水泡，永生花成品就不漂亮了。所以，一旦发现有水泡，就要如下图所示那样用小镊子将其弄破，将里面的水分释放出来。

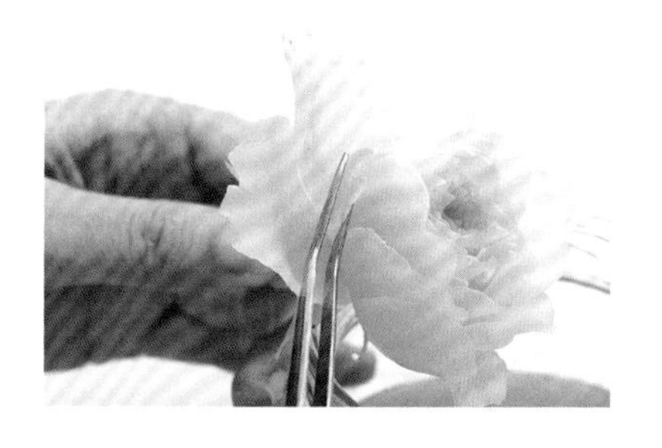

专栏

本地特色的永生花

手工制作永生花的优点在于，能将季节性开放花卉的美丽风姿长时间保留下来。如今，在保护本地花卉、农家创新活动中都能看到永生花的身影。永生花不仅保留了花的美丽，也为振兴地方经济、开启新局面做出了贡献。

几乎和鲜花一样娇嫩

日本福井县县花
越前水仙

日本福井县农家制作的

色形俱美的荷花与荷叶

越前水仙是日本福井县的县花。水仙花的花瓣美丽而易受伤，所以加工制作永生花的难度比较大。福井县福井市的花店“花里”在相关部门帮助下，开始制作越前水仙永生花。新鲜、娇嫩的样子，几乎和盛开在野外时一样，让人陶醉（见第80页）。

日本福井县南条郡南越前町南条莲生产组合的人将没卖出去的荷花加工成永生花。圆圆的外形，新鲜的粉红色，保持了生长在荷花池中的荷花原有的美，越来越受到大家的喜爱（见上图）。

Chapter

〈3〉

作品制作过程详细介绍

—

Chapter〈1〉中所介绍作品的具体制作方法。

也可以按照书中的方法，将花材都换成自己喜欢的，

制作私人定制款作品。

自由地体验其中的乐趣吧！

OLFA L-2

制作永生花作品时，让操作更方便的工具

制作自己喜欢的作品时，有了这些工具会很给力，更得心应手。制作永生花的专业人士，有他们使用的专用工具，习惯之后使用起来也很简单。除了花材专卖店外，在大型手工艺店等地方也能买到。

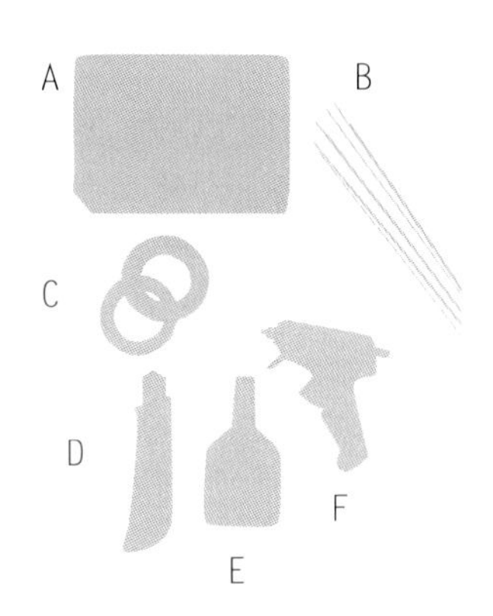

A 花泥

花泥是硬海绵一样的材料，在加工制作永生花的过程中不可或缺。用花泥当基座，将花插在上面，进行各种加工制作。颜色有白色、绿色、茶色等多种，生产厂家也很多。花泥分鲜花用和干燥花用两种，无论哪一种都能用于永生花。

B 铁丝

制作永生花时，铁丝用于加固花朵和花茎、延长花茎。一般都一把一把地出售。铁丝的粗细用数字来表示，数字越小则铁丝越粗，数字越大则铁丝越细。不同的花用不同的铁丝，24号~26号比较常用。

C 花用胶带

绑铁丝的地方，拿花用胶带缠一缠，可让加固的部分不那么碍眼。如果用普通的方法缠，基本上没有什么粘合力；如果拉紧了再缠，粘合力会增加不少。花用胶带的颜色有绿色、白色、茶色等。有了它，干出的活儿就更漂亮了。

D 切割刀

很多地方都需要用切割刀。大的切割刀用来切割花泥比较方便。此外，能剪铁丝的剪刀、小镊子等，虽然不是必须的，但是如果各种工具都齐全，工作起来就更方便、更得力。

E 胶

加固永生花时，将永生花固定在盒了或框架上时要用胶。除了木工用胶外，还有粘合布及塑料制品用粘合剂、金属粘合剂等各种各样的胶。应根据自己要制作的作品进行准备。

F 胶枪和热熔胶

热熔胶是用电力加热、速干性比普通胶更高的粘合剂。将胶棒放入称为胶枪的工具中就可以使用，能迅速将花固定在各种各样的地方，是非常重要的工具。也很容易买到。

作品制作
过程详细介绍页的使用方法

下面开始介绍本书Chapter <1>中所展示作品的制作方法，进入快乐的作品制作时间。作品制作过程详细介绍页的使用方法如下。

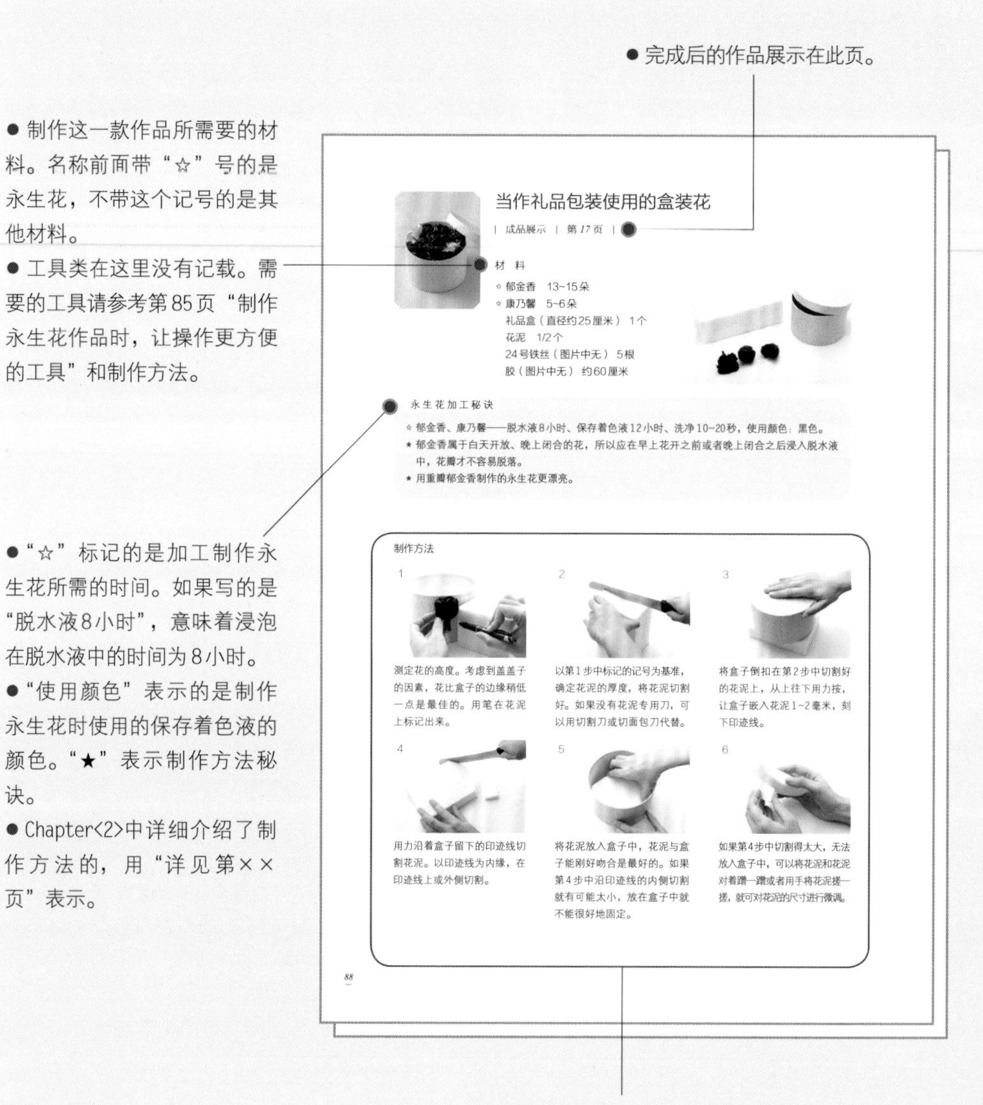

● 完成后的作品展示在此页。

● 制作这一款作品所需要的材料。名称前面带“☆”号的是永生花，不带这个记号的是其他材料。

● 工具类在这里没有记载。需要的工具请参考第85页“制作永生花作品时，让操作更方便的工具”和制作方法。

●“☆”标记的是加工制作永生花所需的时间。如果写的是“脱水液8小时”，意味着浸泡在脱水液中的时间为8小时。

●“使用颜色”表示的是制作永生花时使用的保存着色液的颜色。“★”表示制作方法秘诀。

● Chapter<2>中详细介绍了制作方法的，用“详见第××页”表示。

● 按照制作顺序，一步一图进行说明。

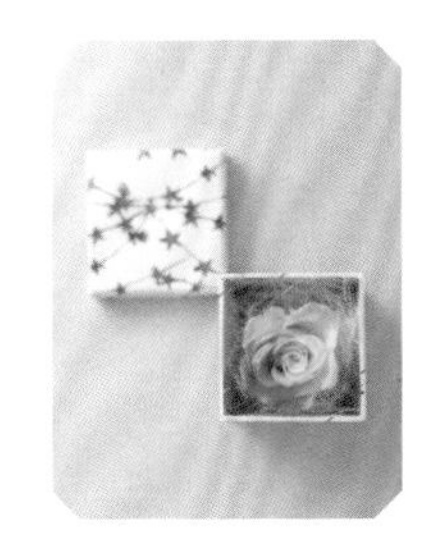

小盒子中一朵特别的花

| 作品展示 | 第 16 页 |

材 料

☆ 玫瑰　1朵
　礼物盒（约7厘米×7厘米）1个
　剑麻纤维　1团

永生花加工秘诀

☆ 脱水液8小时、保存着色液8小时、洗净约10秒，使用颜色：粉红色、黄色、蓝色（详见第72~73页）。

制作方法

1

将为方便染色而穿进花中的铁丝取掉。

2

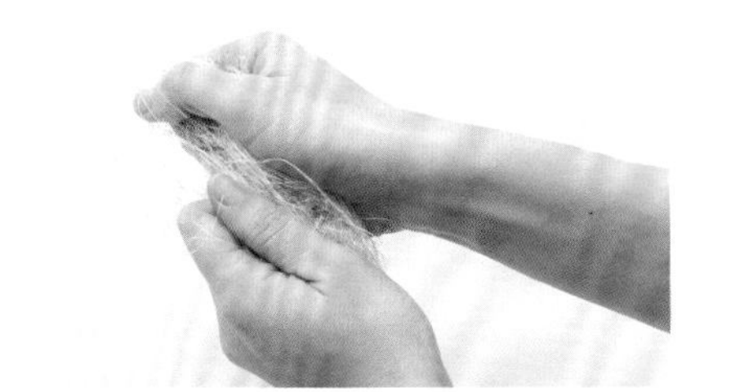

将剑麻纤维揉一揉，就会变软，容易塑形。

3

将第2步中揉好的剑麻纤维放入盒子中，根据花的高度决定用量。

4

轻轻将玫瑰花放在上面，剑麻纤维起到保护和固定作用。

当作礼品包装使用的盒装花

| 成品展示 | 第17页 |

材 料

☆ 郁金香 13~15朵

☆ 康乃馨 5~6朵

礼品盒（直径约25厘米） 1个

花泥 1/2个

24号铁丝（图片中无） 5根

胶（图片中无） 约60厘米

永生花加工秘诀

☆ 郁金香、康乃馨——脱水液8小时、保存着色液12小时、洗净10~20秒，使用颜色：黑色。

★ 郁金香属于白天开放、晚上闭合的花，所以应在早上花开之前或者晚上闭合之后浸入脱水液中，花瓣才不容易脱落。

★ 用重瓣郁金香制作的永生花更漂亮。

制作方法

1

测定花的高度。考虑到盖盖子的因素，花比盒子的边缘稍低一点是最佳的。用笔在花泥上标记出来。

2

以第1步中标记的记号为基准，确定花泥的厚度，将花泥切割好。如果没有花泥专用刀，可以用切割刀或切面包刀代替。

3

将盒子倒扣在第2步中切割好的花泥上，从上往下用力按，让盒子嵌入花泥1~2毫米，刻下印迹线。

4

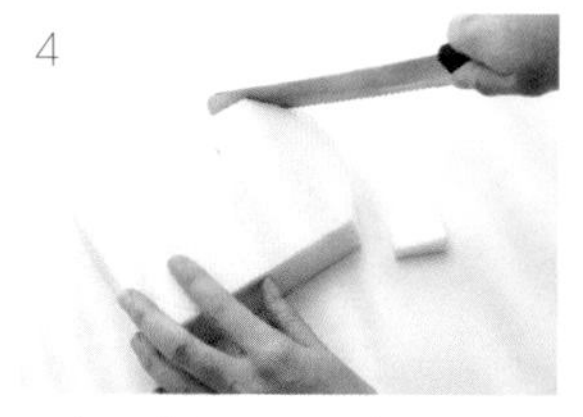

用力沿着盒子留下的印迹线切割花泥。以印迹线为内缘，在印迹线上或外侧切割。

5

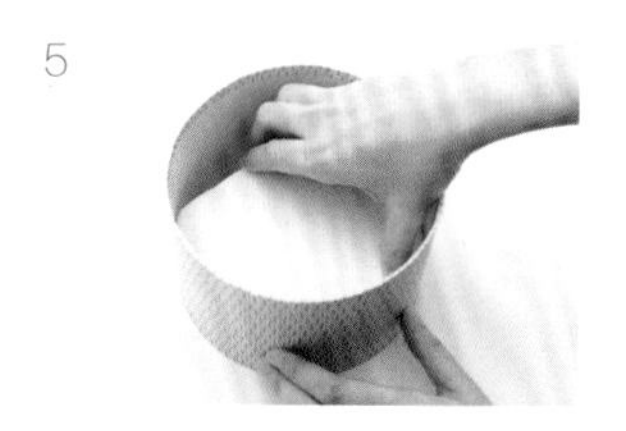

将花泥放入盒子中，花泥与盒子能刚好吻合是最好的。如果第4步中沿印迹线的内侧切割就有可能太小，放在盒子中就不能很好地固定。

6

如果第4步中切割得太大，无法放入盒子中，可以将花泥和花泥对着蹭一蹭或者用手将花泥搓一搓，就可对花泥的尺寸进行微调。

7

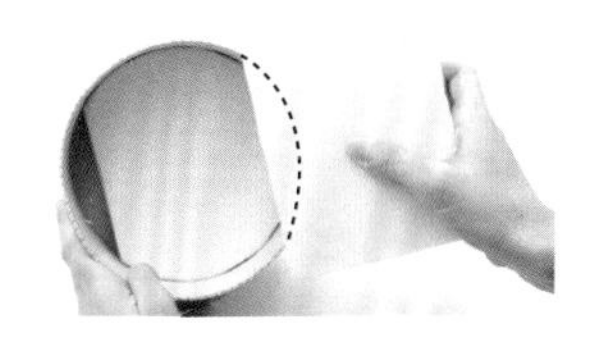

填充花泥和盒子之间的空隙。先目测一下空隙的大小，然后将花泥在盒子上按出印迹线，沿着印迹线切割花泥。

8

将花泥放入盒子中。如果放不下去，用第6步的方法进行调整。将花泥恰到好处地放入盒子中是制作永生花作品的基础准备工作，要认真地完成。

9

郁金香的花茎很细，不能直接插，所以要用铁丝增强一下。根据花的数量，准备同等数量的、长度约10厘米的24号铁丝，将铁丝从花朵下约3厘米的地方穿进去。

10

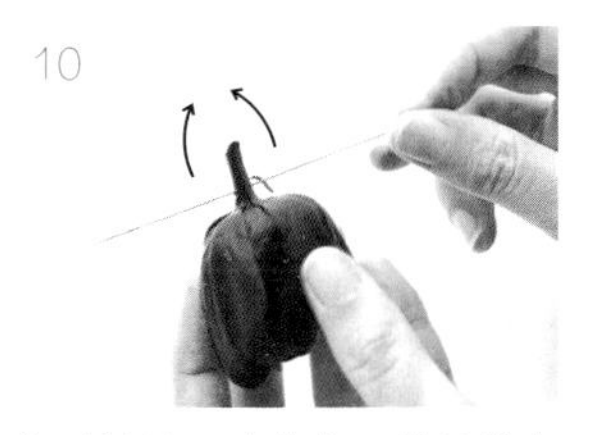

拉动铁丝，让花位于铁丝的中间。用手指将铁丝往花茎方向折弯。郁金香的花茎很软，注意别折断。

11

用铁丝对郁金香花茎进行增强后的样子。所有的郁金香都如法炮制。

12

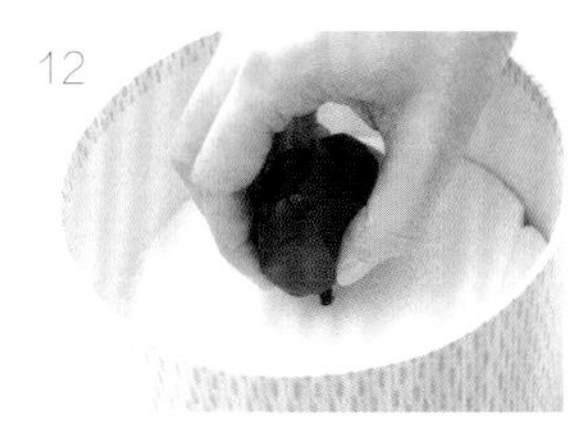

将当作主花的郁金香插在正中央。主花是最引人注目的，所以要选择最漂亮的。

13

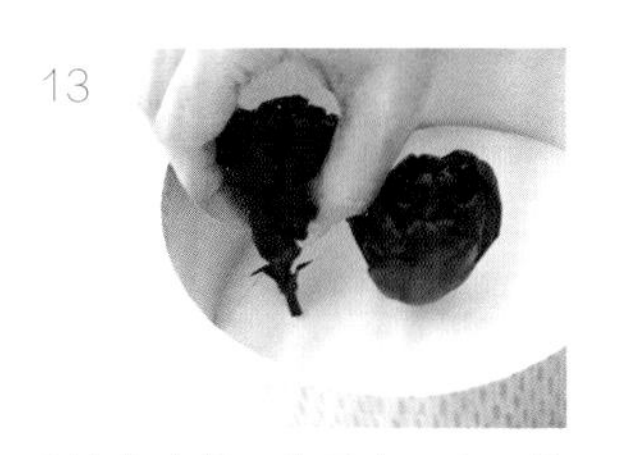

手持花头插入花泥中。康乃馨的花茎较粗，不用铁丝加固也很结实。从中心开始插。

14

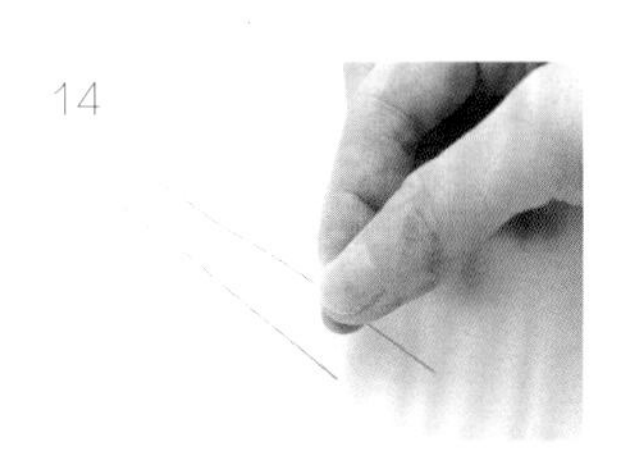

所有的花都插完之后，开始制作装饰用的缎带。长约30厘米的缎带和长约10厘米的24号铁丝各准备2根，将铁丝弯成U字形。

15

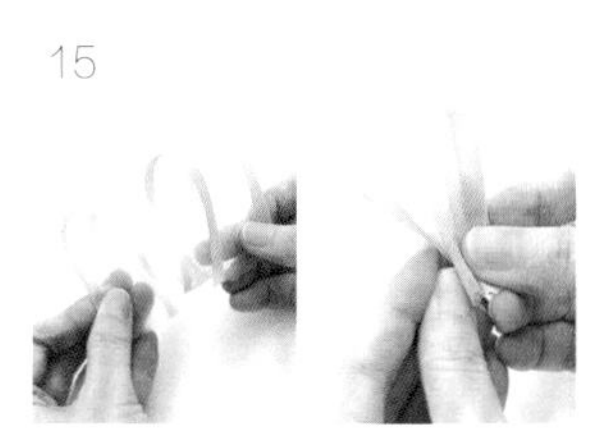

将缎带做出两个波浪（左），将下面部分重叠在一起（右）。

16

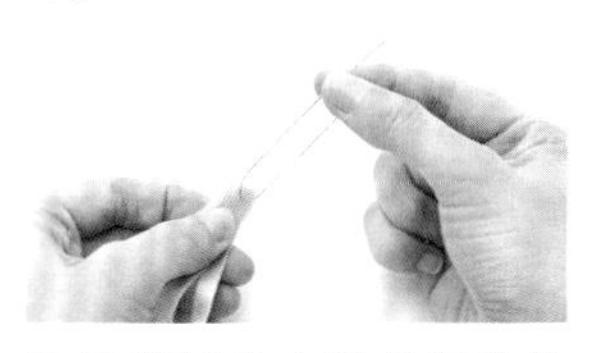

拿起第14步中准备好的铁丝，将第15步完成的缎带放在铁丝U形的位置上，缎带的下端留出约1厘米。

17

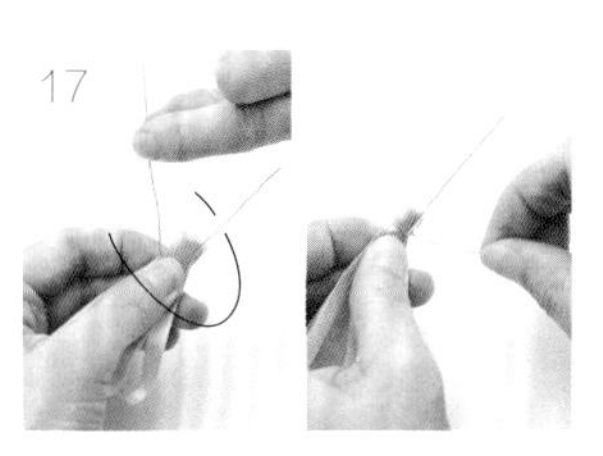

按着缎带的手不要松开，用另一只手的手指抓住铁丝长的一边，将缎带和铁丝缠在一起。

18

用铁丝缠上3圈左右就完成。制作两个一样的缎带，插在花泥中。确认看不见盒子中的花泥，就完成了！

毛茸茸的迷你花环

| 成品展示 | 第 *18* 页 |

材 料

☆ 手鞠草（瞿麦） 1~2朵
☆ 绣球花 1串
☆ 千日红 约20朵
花环底座（直径约12厘米） 3个

永生花加工秘诀

☆ 手鞠草——脱水液24小时、保存着色液24小时、洗净约20秒，使用颜色：柠檬黄。
☆ 千日红——脱水液8小时、保存着色液8小时、洗净约20秒，使用颜色：透明色（详见第61页）。
☆ 绣球花——玫瑰、绣球花专用液或者再染色液，使用颜色：柠檬黄+天蓝色（详见第70页）。
★ 粉色的千日红在脱水的时候，会有一点淡淡的颜色残留，所以可以染成原来的颜色。想染色的时候请选择白色或者浅粉红色的花，比较容易脱色。

制作方法

1

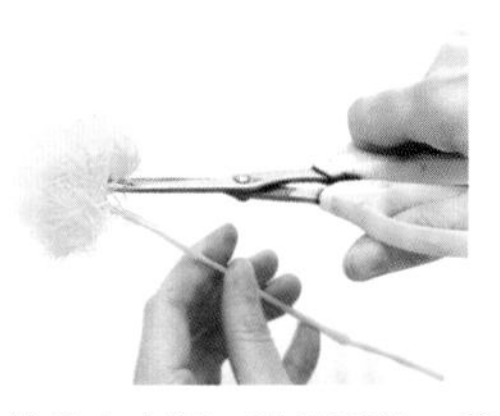

先将胶枪接上电源，进行预热。手鞠草从花的根部处剪断。绣球花也同样剪成小团。

2

用胶枪在手鞠草小团的根部打上一点胶，有小珍珠那么大一块就行。注意别烫伤自己。

3

将手鞠草粘在花环底座上。要趁胶热的时候粘上去。

4

用同样的方法将花材全部粘好。花的朝向一致会更漂亮。绣球花、千日红也用同样的方法加工制作。

粉红色的绣球花相框

| 成品展示 | 第 *19* 页 |

材 料

☆ 绣球花 1串
☆ 玫瑰（灰色） 2朵
☆ 玫瑰（红色） 3朵
相框 1个

永生花加工秘诀

☆ 绣球花——玫瑰、绣球花专用液，使用颜色：粉红色（详见第70页）。
☆ 玫瑰——脱水液8小时、保存着色液8小时、洗净约10秒，使用颜色：灰色的花用透明色＋黑色数滴、红色的花用红色（详见第60~61页）。

制作方法

1

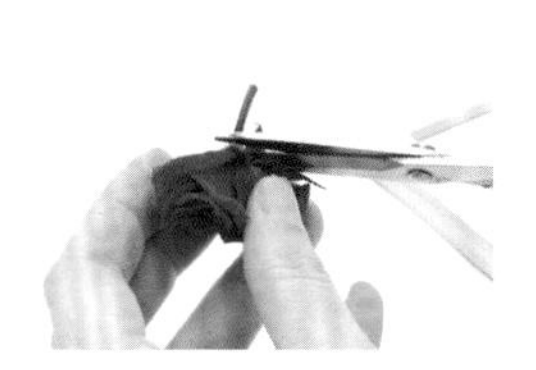

胶枪接上电源加温，同时准备花。齐着花的根部将玫瑰花茎剪掉。注意别将花瓣弄坏了。

2

将相框摆在桌上还是挂在墙上，花的角度是不一样的。所以最好在粘花之前确定相框的摆放位置，事先确定好花的朝向。

3

从作为主花的玫瑰开始粘。用胶枪在花的底部打上胶。胶要足够多，保证能粘牢。

4

将玫瑰花粘在相框上。粘的时候，将相框平放在桌上，更容易操作。

5

接着粘绣球花。将绣球花分成图中所示大小，粘的时候将大花和小花交叉着粘，更有立体感，更加可爱。

6

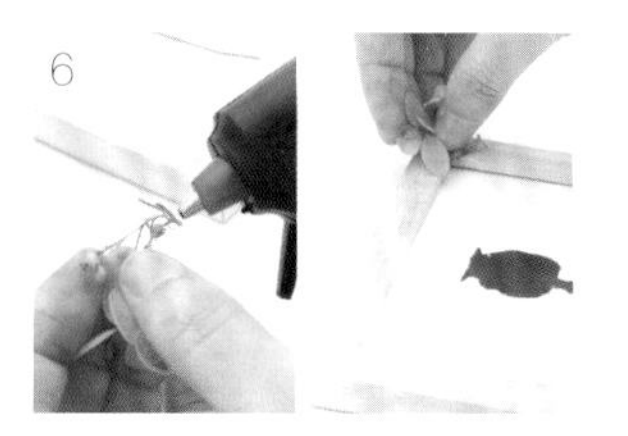

将绣球花粘在相框上。不仅花茎的尖上要打上胶、花茎的侧面也要打上胶，这样才能粘得更牢固。绣球花粘完之后，再粘上两朵玫瑰作为焦点。完成。

幸福的透明铃兰花束

| 成品展示 | 第 20 页 |

材 料

☆ 铃兰 约16只
缎带 1根
皮筋儿（图片中无） 1根
24号铁丝（图片中无） 1根

永生花加工秘诀

☆ 铃兰花——脱水液12小时 ＋ 二次脱水12小时、保存着色液12小时、洗净约20秒，使用颜色：透明色（详见第57页）。

☆ 铃兰叶——脱水液12小时、保存着色液12小时、洗净约20秒，使用颜色：柠檬黄＋天蓝色。

★ 铃兰的花和叶分开进行加工，分别染成白色的花和绿色的叶。将花从叶上分离开时，注意别破坏叶的形状。

制作方法

1

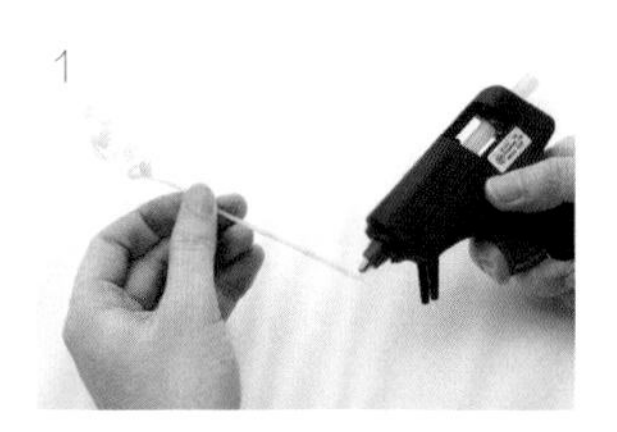

首先将彼此分离的花和叶组装回原来的形状。用胶枪在距花茎尖端1~1.5厘米的地方打上胶。

2

在叶与叶之间插入一枝花。将花和叶粘在一起，组成一枝完整的铃兰。

3

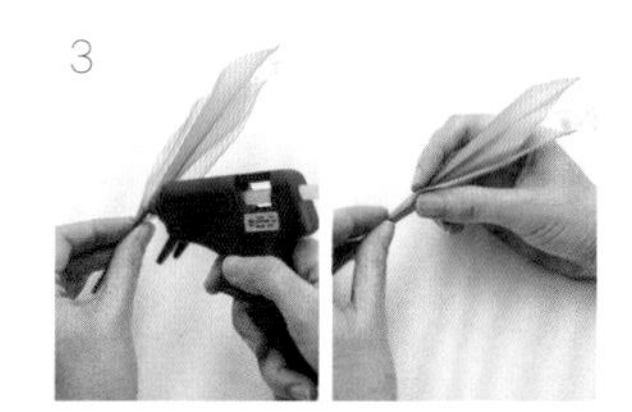

在叶的根部、张开的部位也打上胶，轻轻地按压，让花更牢固，不容易被拔掉。

4

重复第1~3步的操作，制作出16枝完整的铃兰。

5

将铃兰扎成一束。先拿起一枝比较直的铃兰。手拿的位置将是最后绑扎的部位，所以不要拿得太高或者太低。

6

加入第2枝铃兰。手拿花的位置不要变，将所有的铃兰都加进来。

7

加入第3枝铃兰时的样子。要让花枝形成一个扇形。

8

将所有的铃兰都加进来后，用皮筋儿扎起来。再用喜欢的缎带在上面打个蝴蝶结，完成！

Memo

给花束绑缎带的技巧

细缎带的话，直接绑在花束上就可以了。如果缎带太宽，花束可能被折断。这种情况下，可用铁丝来帮忙。

1

如图中所示那样将缎带做成一个圆环。

2

将圆环的最上方往下按，做成蝴蝶结的形状。

3

将铁丝（24号左右比较合适）放在缎带被按下的位置，把铁丝往缎带的后面弯曲，然后拧紧。

4

将铁丝扭2~3次就可以了。

5

漂亮的蝴蝶结就完成了。

6

将缎带缠在铃兰花束上，并用胶粘好。

7

将缎带上的铁丝再拧一拧。

8

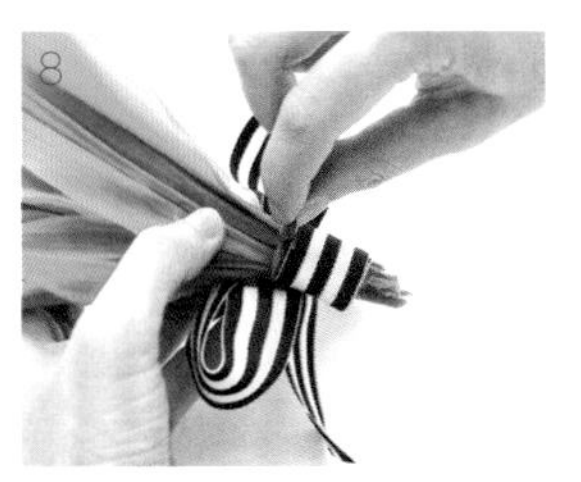

铁丝留在外面很危险，应塞入缎带中。

果实的立体艺术

| 成品展示 | 第 22 页 |

材　料

☆ 无花果　1个
☆ 金橘　2个
☆ 莲藕　2片
☆ 荷兰芹　1段
☆ 硬花球花椰菜　1块
☆ 玉蕈　1块
☆ 朴树果实　1块
☆ 青豌豆　3个
☆ 嫩玉米棒　2个
木制首饰盒（10厘米×15厘米）1个
蜡纸　1张
英文报纸图案包装纸　1张

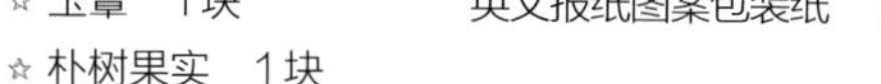

永生花加工秘诀

☆ 所有的蔬菜——脱水液1~5日、保存着色液1~5日、洗净10~20秒，使用的颜色：无花果用暗紫色；金橘、嫩玉米棒用柠檬黄；莲藕、玉蕈、朴树果实用透明色；荷兰芹、硬花球花椰菜用黄色，青豌豆用黄色+绿色。
★ 蔬菜在溶液中浸泡的时间最好长一些，上面所标的是最低的天数，实际上浸泡1~2周以上，制作出的成品才漂亮。
★ 即使溶液不是新的，也可以用来浸泡蔬菜、进行保鲜加工。浸泡过花的旧溶液也没关系。
★ 有的蔬菜在浸泡之后可能脱色不彻底，这种情况下可以用透明色的保存着色液来进行加工。

制作方法

1

将蜡纸和英文报纸图案包装纸裁好。如图中所示那样，将蜡纸裁剪得大一些。将胶枪接上电源，准备好。

2

将英文报纸图案包装纸整张铺到盒中。

3

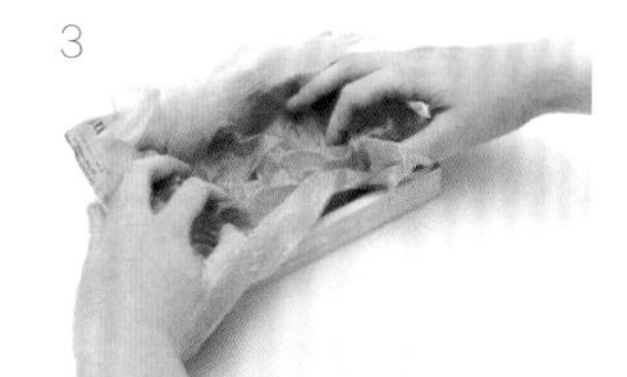

蜡纸先用手稍微团一下，弄出一些皱纹，然后放入盒子中。

4

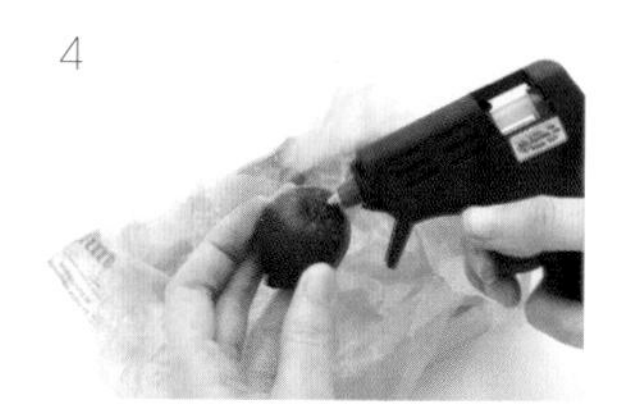

配置蔬菜。首先是无花果，用胶枪在粘接面打上胶。

5

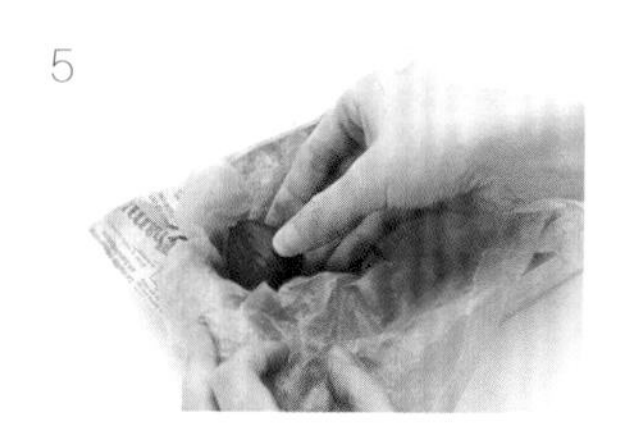

粘到蜡纸上。从大个儿的东西开始粘，会比较顺畅。

6

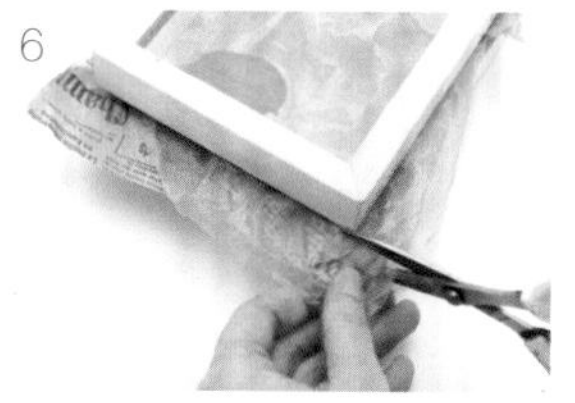

所有东西都配置完毕后，盖上盖子。将多余的纸裁剪干净。就完成了。

让季节性花卉全年开放

| 成品展示 | 第 *23* 页 |

材　料

☆ 鸡蛋花　6朵
　艺术相框　1个

永生花加工秘诀

☆ 脱水液24小时十二次脱水24小时、保存着色液12小时、洗净约10秒，使用颜色：透明色。

★ 使用特新B液以外的保存着色液，花瓣尖和整体都会变得透明。

★ 花中心的黄色是用笔蘸黄色再染色液涂上的。

制作方法

1

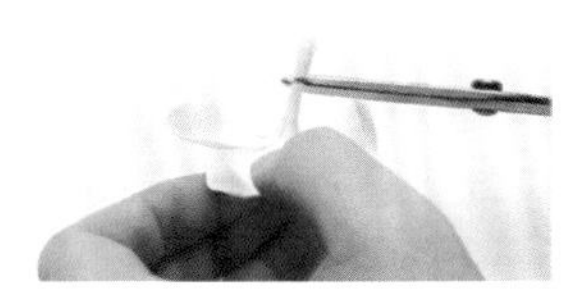

将鸡蛋花的花茎剪掉。如果花茎太长，粘上之后就看不到花的正面了。

2

将黄色再染色液倒入容器中，用笔蘸上并涂在花中心。用细笔来涂更容易操作。

3

染上再染色液之后的样子。花的中心染上黄色后就更接近真花了。

4

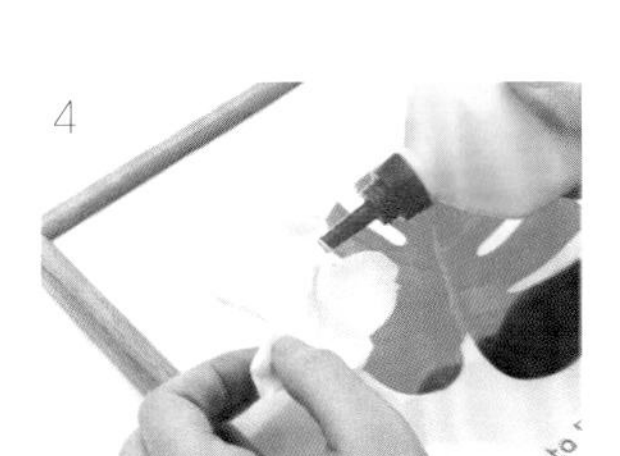

在花茎上打上木工用胶，粘到艺术相框上。

5

粘的时候让花瓣稍稍重叠一点，更有整体感，更美丽。可以试着和绘画作品、摄影作品或喜欢的艺术品组合在一起。

用花当颜料在画布上作画

| 成品展示 | 第 *24* 页 |

材 料

☆ 圣诞玫瑰 1朵
☆ 绣球花 1串
☆ 玫瑰 8朵
☆ 千日红 5朵
☆ 莲蓬 1个
绷好的画布 1个

永生花加工秘诀

☆ 圣诞玫瑰——脱水液8小时、保存着色液8小时、洗净约10秒，使用颜色：黑色+透明色。
☆ 绣球花、玫瑰——脱水液8小时、保存着色液8小时、洗净约5秒，使用颜色：绣球花用红色、紫红色+透明色、玫瑰用黑色和蓝色。
☆ 千日红——脱水液12小时、保存着色液12小时、洗净约5秒，使用颜色：蓝色。
☆ 莲蓬——脱水液24小时、保存着色液24小时、洗净约20秒，使用颜色：黑色。
★ 想给千日红染色的时候，宜使用白色的花。深粉红色的千日红在脱水之后会有色素残留，所以染色后的效果不够漂亮。

制作方法

1

怎么摆放这些花呢？可以先拿一张纸，事先把花摆一摆，摆出最后想要的样子。

2

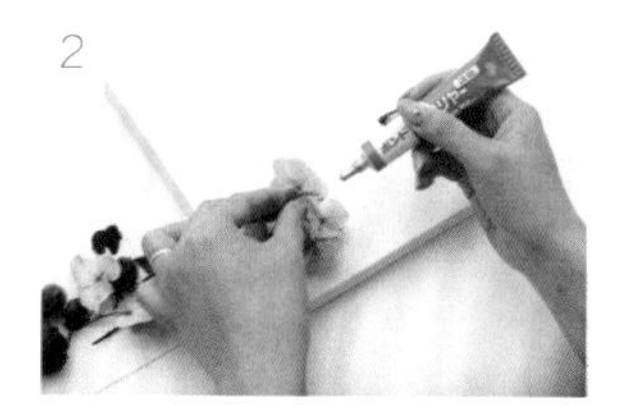

用布用粘合剂将花粘在布上。以一个角作为起点，首先从这个角开始，从有分量的绣球花开始。

3

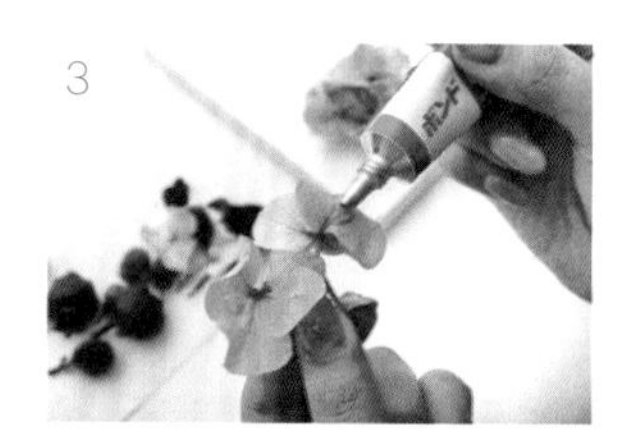

不仅花茎的尖上要打上胶，花茎的侧面以及与画布接触的花瓣也要打上胶，牢牢地粘在画布上。

4

从最大的花开始粘，比较容易保持平衡。

5

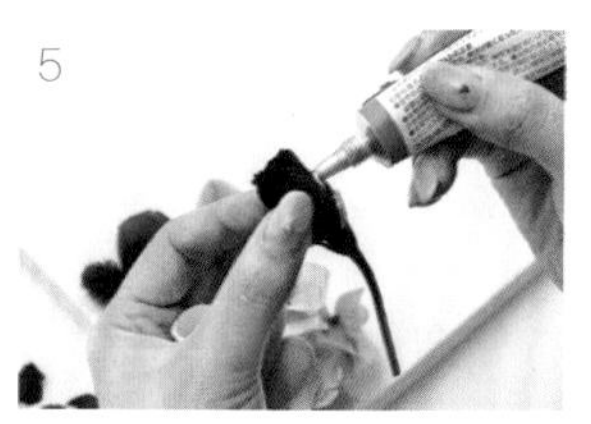

花蕾、花瓣都用进来，整体上产生一种节奏。

6

所有的花都粘好之后，放一天，待其干燥之后，就完成了。空白的部分还可以写上字。

花朵首饰盒

| 成品展示 | 第 25 页 |

材 料

☆ 康乃馨 1朵
☆ 向日葵（小） 2朵
☆ 鸡冠花 2朵
玻璃容器 3个
透明文件夹 1片
咖啡豆等要放入容器中的东西 适量

永生花加工秘诀

☆ 康乃馨、鸡冠花——脱水液12小时、保存着色液12小时、洗净约20秒，使用颜色：康乃馨用亮橙色、鸡冠花用红色。
☆ 向日葵——脱水液8小时、保存着色液8小时、洗净约20秒，使用颜色：柠檬黄（详见第68页）。
★ 用白色康乃馨进行永生花加工，可以加工成漂亮的蜡笔色。
★ 鸡冠花在脱水之后还会残留一些红色，但是本次制作的可爱型成品，在用红色的保存着色液浸泡之后，染色效果很漂亮。

制作方法

1

将玻璃容器倒扣在透明文件夹上，沿容器口边用笔画上线。同时，将胶枪接上电源、预热。

2

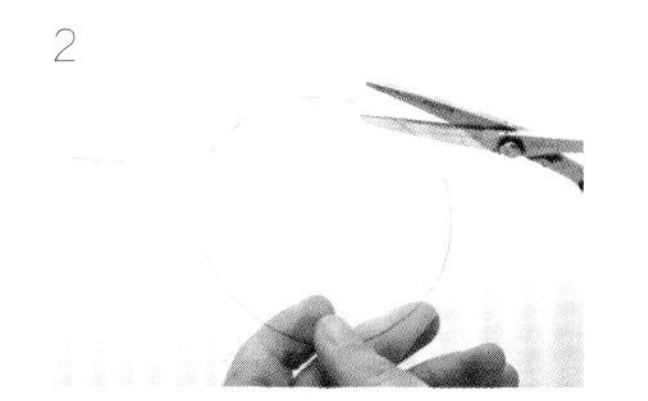

沿着第1步画的线将透明文件夹剪好。如果没有透明文件夹，也可以用透明塑料片代替，空盒盖之类的也行。

3

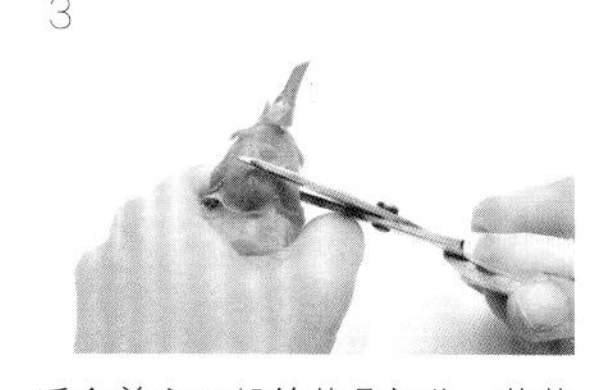

手拿着康乃馨的花朵部分，花萼保留一点点，将其余都剪掉。尽量将花弄平一点，这样在粘到透明文件夹上时会更好看。

4

第3步剪完后的样子。花萼被剪掉之后，没有了支撑，花瓣也就散掉了。所以握着花的手不能松开，绝对不能松手。

5

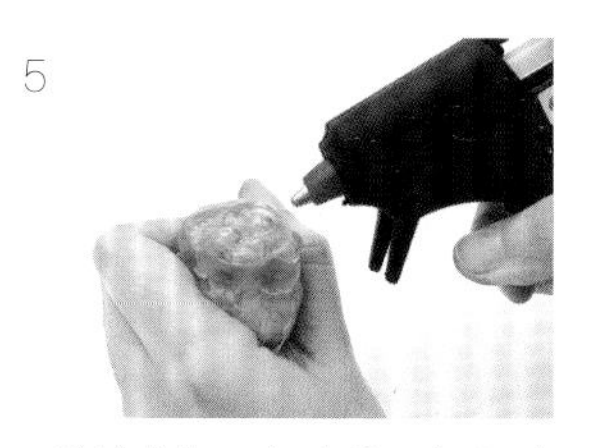

用胶枪在切口打上胶。如果胶不够多，花瓣就会散掉。这一点要注意。

6

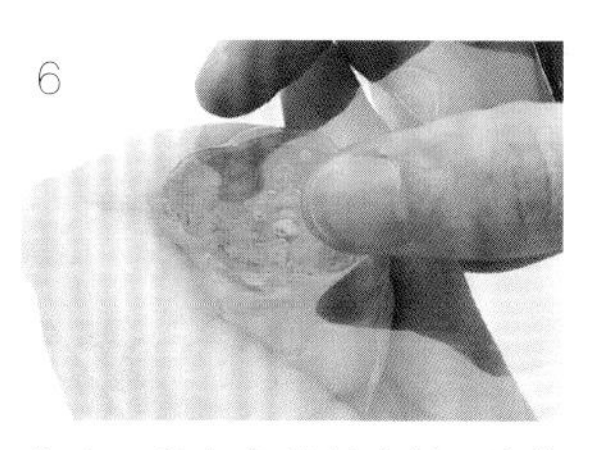

将康乃馨牢牢地粘在第2步剪好的透明文件夹上，将它作为盖子。容器中放进小件物品，盖上盖子，就完成了。其他的花也用同样的方法制作完成。

玫瑰与绣球花组成的花冠

| 成品展示 | 第 *26* 页 |

材　料

☆ 玫瑰　3朵
☆ 蓝星花 5~6朵
☆ 法兰绒花　1~2朵
☆ 满天星　少许
☆ 尤加利　适量
18号铁丝（长度为72厘米） 3根
花用胶带（茶色） 1个
缎带　喜欢多少就用多少

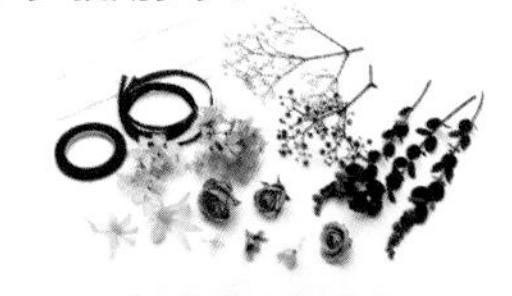

永生花加工秘诀

☆ 玫瑰——脱水液8小时＋二次脱水8小时、保存着色液8小时、洗净约10秒，使用颜色：透明色＋紫红色、透明色＋酒红色、透明色＋黑色。
☆ 法兰绒花——脱水液8小时、保存着色液8小时、洗净约10秒，使用颜色：透明色＋天蓝色。
☆ 绣球花——玫瑰、绣球花专用液或再染色液1天，使用颜色：黄色＋蓝色（详见第70页）。
☆ 满天星、尤加利——叶专用液3天，使用颜色：满天星用蓝色和紫罗兰色、尤加利用绿色（详见第67页）。
★ 蓝星花中不含花色素，所以不能脱色为白色。

制作方法

1

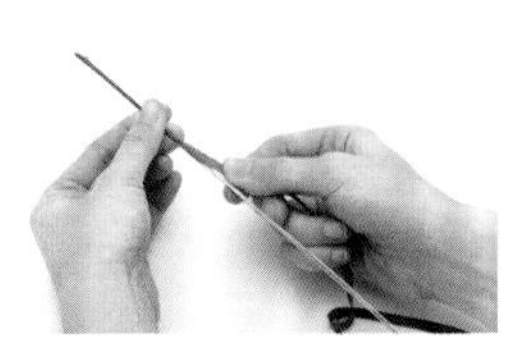

将3根铁丝合在一起，用花用胶带卷起来。卷的时候要一边用力将花用胶带往下拉紧一边卷，才能卷紧。这将是花冠的基础框架。

2

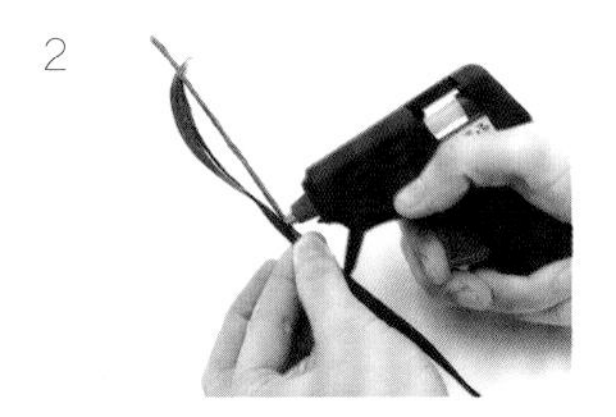

在距离铁丝一端7厘米左右的地方，用胶枪打上胶。

3

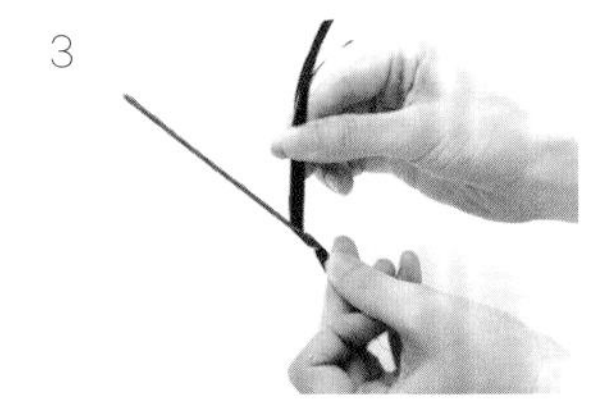

在铁丝上卷上缎带。缎带尽量卷得松一些，缎带和铁丝之间保留一定的空隙，最后的成品才会更漂亮。

4

卷上缎带之后，在铁丝另一端距离末端7厘米的地方也用胶枪打上胶，粘上，固定。铁丝的两端在距离端头5厘米的地方折弯。

5

缎带保留适当长度，其余的剪掉。在铁丝折弯的地方，两弯交叉就形成一个圆圈。这个部分就是取戴花冠所用的挂钩。

6

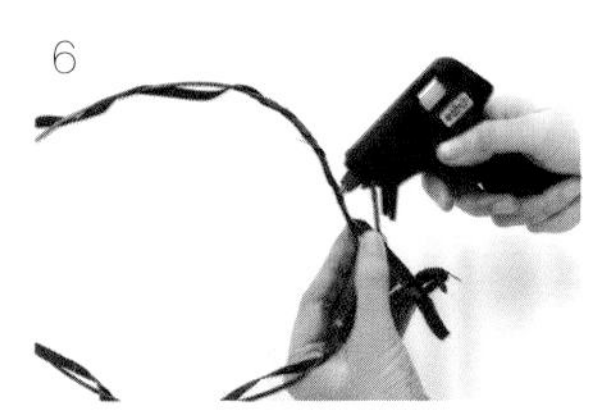

用胶对挂钩附近的缎带进行加固，防止其脱落。

7

将绣球花和满天星分剪成小枝。绣球花不要分剪得太小，保持一定的体量才能产生蓬松的感觉。

8

先将尤加利叶粘在基础框架上。整个花冠都要粘上。如果是短枝的尤加利，可多用几枝。

9

如果不喜欢尤加利的枝伸出来，可用胶将其粘在基础框架上。其实，尤加利缠在基础框架上后，不用粘也不会掉下来。

10

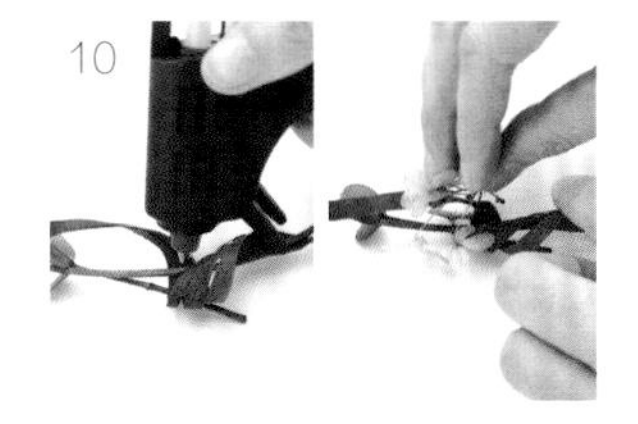

接着将绣球花全部粘上去。在缎带的内侧打上胶，将花粘上去。和在花上打胶相比，在缎带上打胶没那么热，操作起来顺畅而安全。

11

全部粘上绣球花后的样子。在缎带的空隙里粘上花。仅仅如此，就已经很可爱了！

12

接着粘最重要的玫瑰花。和绣球花一样，在缎带上打胶，然后粘上花。作为重点花，与其粘在正中间，不如粘在稍稍偏一点的位置，看起来更自然。

13

粘完作为重点的玫瑰花之后，最后粘满天星、蓝星花等小一点的花。图片所示为所有花都粘上之后的样子。

14

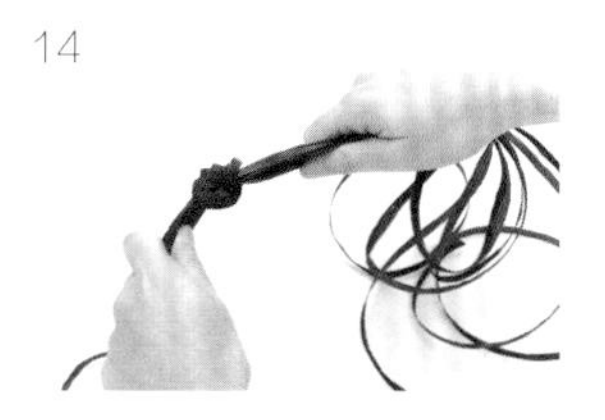

为了藏住挂钩，也为了让背影更加好看，要制作一个长一点的缎带。花冠戴上之后，长长的缎带一飘一飘的，非常漂亮。

15

在挂钩处将第14步制作好的缎带打成蝴蝶结。就完成了！

Memo

- 花冠所使用的花可选择自己喜欢的花。本作品中使用的是聚酯酒椰纤维的飘带，此外也可以采用纸质的、布质的等各种各样的飘带。
- 基本框架，建议使用粗一点的铁丝，会更牢固。圆圈部分的周长如果有60厘米，基本上能适合成年女性的头部。如果没有足够长的铁丝，可以将短铁丝接起来用。
- 这个用缎带缠绕方法制作的花冠不仅简单而且能通过调整缎带轻松调整花的位置。佩戴方便、容易也是一大优点。

玫瑰花瓣派对包

| 成品展示 | 第 *27* 页 |

材 料

☆ 玫瑰 3~5朵
金属丝网（约20厘米×30厘米） 1片
带拉链的透明盒子（约18厘米×10厘米） 1个
雪纺绸带子 1卷
棉布带子（稍厚） 约70厘米

永生花加工秘诀

☆ 玫瑰——脱水液8小时、保存着色液8小时、洗净约10秒，使用颜色：红色。

★ 需要大量制作时，脱水和保存着色时使用只需要浸泡一次的玫瑰、绣球花专用液（详见第53页），就能轻松完成了。而且时间和人工都大幅度减少。

制作方法

1

将金属丝网对折，从一个角开始穿上雪纺绸带子。雪纺绸带子的长度要比金属丝网的宽度长10厘米左右，然后剪断。

2

一面穿满雪纺绸带子之后，将两端留出来的雪纺绸头往里折，并用胶粘起来，以免乱飘。底部、背面也用同样的方法进行处理。

3

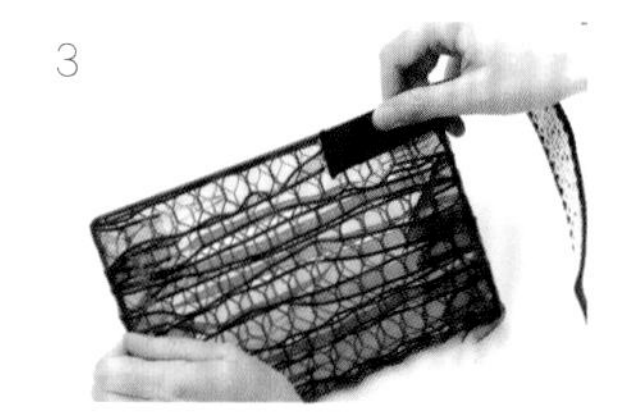

在上部用胶粘一圈棉布带子。

4

边缘也用雪纺绸带子包起来。一边用胶粘，一边将缝隙都填死。金属丝网除了上部的开口以外，全部都用带子裹上。

5

如图片所示那样，在玫瑰花萼上方将花剪断。拿花的手指不能松开，避免花瓣散落。

6

第5步中剪断的玫瑰花的样子。这样处理之后，可控制花的高度，粘贴到平面上时也不至于太高太浮，而是融合在一起。

7

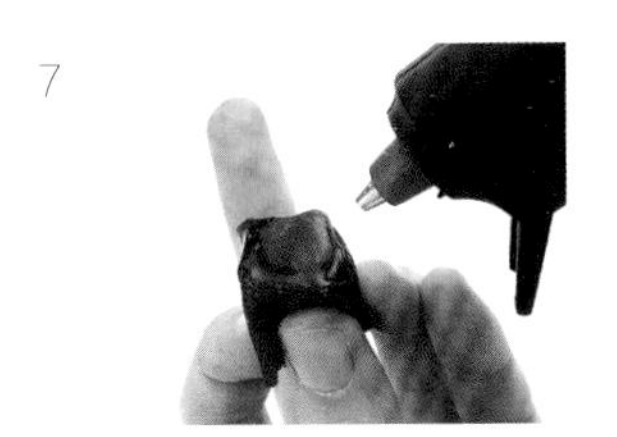

在第6步的切口上打上胶，胶要多一些，避免花瓣散掉。要小心操作，别烫伤自己。

8

将第7步的花粘在包的中心位置。以这朵花为中心，将花瓣一瓣一瓣地粘上去。

9

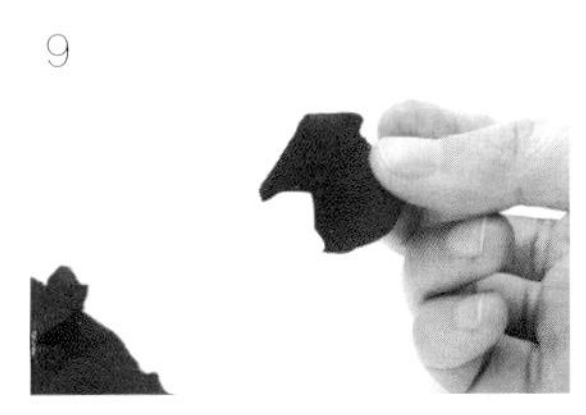

像第5步中那样将其他玫瑰花剪掉。只不过这些玫瑰花的花瓣都要一瓣一瓣地使用，所以不用再拿手捏住。

10

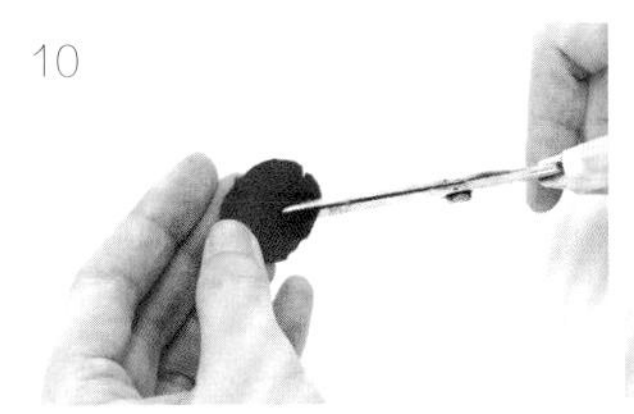

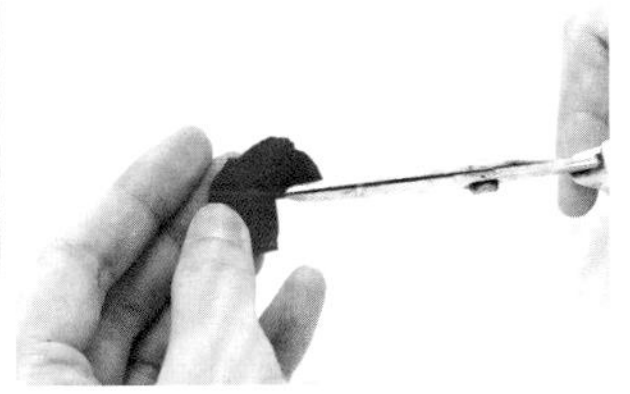

如图片所示那样，将每一片花瓣的根部都剪成V字形。所有的花瓣都这样处理。这样一来，花瓣都能相互重叠。

11

在花瓣剪出的V字形的凹谷处打上珍珠粒大小的胶。

12

将花瓣粘在第8步完成的玫瑰花周围。将包的一整面都粘满玫瑰花瓣，仿佛玫瑰花从中间往四周扩大似的。

13

将三根雪纺绸带子编成一根绳子，用同样的方法编两根。再用胶粘在棉布带子上，成为包的提手。将带拉链的透明盒子放到里面，就完成了！

Memo

- 金属丝网在花材店、超市、小卖店等地方都能买到。带拉链的透明盒子框架可以保留原来的白色。但在这里是用魔术笔涂成了和带子颜色相协调的黑色。

- 可以如示例那样做成一种颜色的，也可以将不同的颜色混合使用，或组合成深浅不同的渐变色，都很漂亮。

- 粘花瓣是由永生花可长期保存、可保留柔软质感等特性派生出来的技术。不仅用于包的制作，还可应用于各种各样的作品中。

大丽花香氛

| 成品展示 | 第29页 |

材 料

☆ 大丽花 1朵
香氛 1个
吸管 1根
装饰带（图片中无） 适量
18号铁丝（图片中无） 约20厘米

永生花加工秘诀

☆ 脱水液12小时、保存着色液12小时、洗净约20秒，使用颜色：酒红色。
★ 大丽花在干燥的时候，花中（置换花中水分的）保存着色液的重量可能会导致花瓣形状下塌，所以将花头朝下吊起来干燥会让花形更漂亮。
★ 大丽花花瓣中央的线条是大丽花的特征，保证其不被破坏，花才更漂亮。

制作方法

1

如图中所示那样，将铁丝弯成一个台座。突出部分的尺寸应刚好能插入吸管中。漩涡状部分的直径大小为1~1.5厘米。

2

将台座的突出部分插入吸管中，插好后确认台座不会在里面晃荡。

3

在距离铁丝尖端1.5~2厘米的地方将吸管剪断。

4

用胶枪在一根香氛棒的尖端打上胶。因为是固定吸管用，可以稍多打一些胶。

5

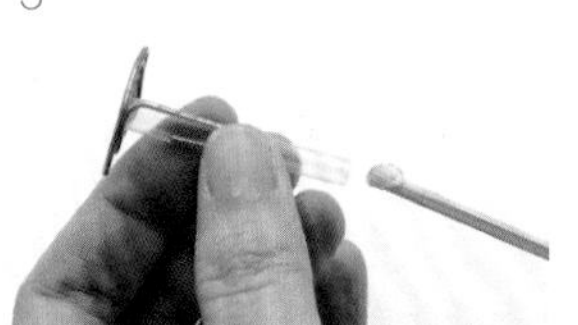

将打上胶的香氛棒插入第3步剪好的吸管中，固定。

6

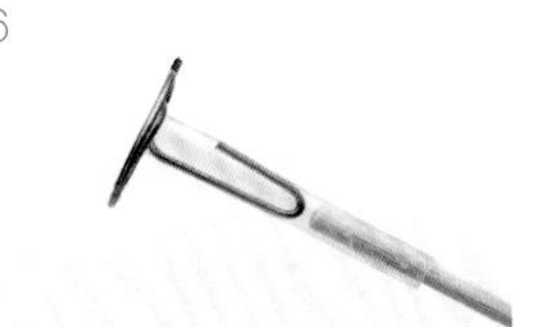

将台座固定在吸管上的样子。大丽花将粘接在这个台座上面。

7

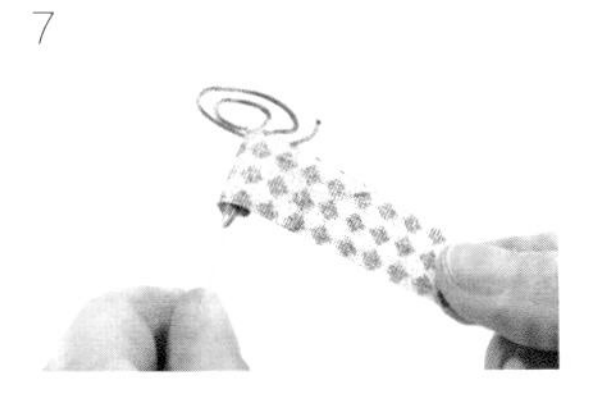

将装饰带卷在吸管上。装饰带要卷到吸管下方一点点的地方，以便将吸管遮住。

8

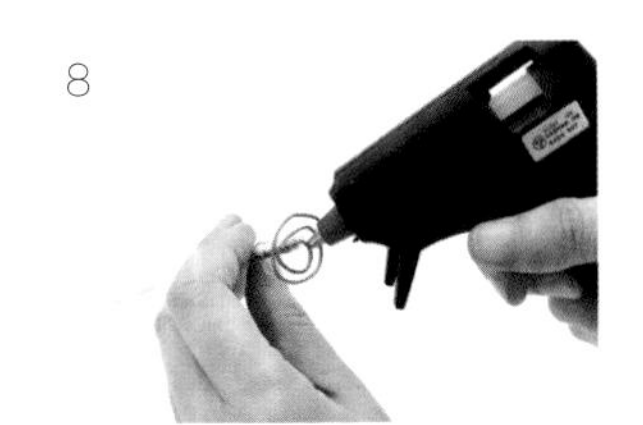

给台座打上胶。

9

将大丽花粘到台座上，粘牢。再将其插入香氛瓶，就完成了！

Memo

- 香氛瓶在小卖店就能买到。即使是最便宜的香氛，加上永生花之后，立即就变得高大上了。
- 永生花接触到含有酒精成分的东西后可能会掉色，品质下降。所以使用铁丝、吸管，将其与吸收香氛液的木棒相隔离。这样一来，就可以放心使用了。
- 大朵的花本身就有一定的分量，所以香氛瓶要选择有稳定感的大小和形状。否则，花的重量会使香氛瓶因头重脚轻而倒掉。

摆在那里，就很可爱

| 成品展示 | 第 28 页 |

材　料

☆ 玫瑰　1朵
盘子　1个
小羊摆件　1个

永生花加工秘诀

☆ 脱水液12小时、保存着色液12小时、洗净约20秒、使用颜色：粉红色。
★ 玫瑰的花瓣比较多，放加工液中充分浸泡很重要。

制作方法　在盘子里摆上一朵玫瑰和一只羊。具有美之冲击力的花，就算只摆一朵也能让整个环境变得有光彩。这是非常好的一个实例。把永生花摆放在喜欢的地方，和其他的小摆件摆在一起，享受其中的乐趣吧！

自然的大地色花束

| 成品展示 | 第31页 |

材 料

☆ 法兰绒花 15~20枝
☆ 尤加利 4枝
蜡纸 1张
酒椰纤维纸（两种） 适量
麻绳（图片中无） 适量

永生花加工秘诀

☆ 法兰绒花——脱水液8小时、保存着色液8小时、洗净约10秒，使用颜色：透明色。
☆ 尤加利——叶专用液3天，使用颜色：紫罗兰色（详见第67页）。
★ 法兰绒花是整枝浸泡在加工液中进行加工。花和茎都非常柔软容易易断，所以干燥的时候宜头朝下倒吊起来完成。如果使用那种有很多小夹子的洗涤干燥架会方便很多。
★ 尤加利从加工液中取出来的时候，为了避免加工液顺着花茎往下滴掉了，也要将其头朝下倒吊起来。这样一来，加工液才能到达叶尖，叶尖才不容易折断。

制作方法

1

将尤加利松松地抓成一束，将枝尖轻轻地打一个弯儿。

2

将所有的法兰绒花剪成两段，上面一段只有花，下面一段有很多叶子。图中左边是没剪断之前的、原长度的绒花。

3

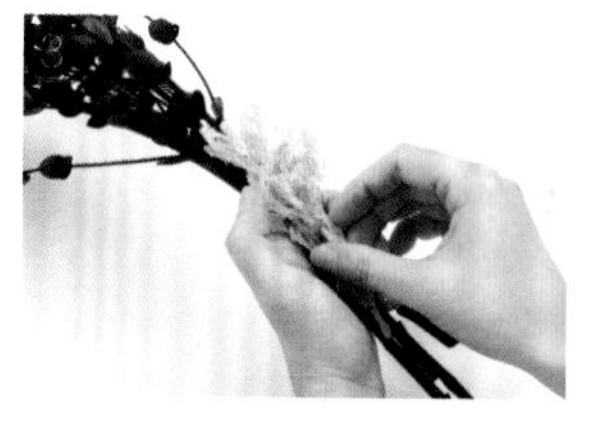

将法兰绒花的叶子部分放在第1步完成的尤加利之上。

4

然后再将法兰绒花的花放上去。

5

按照叶—花—叶—花的顺序，交替反复进行。在花和花之间，用叶子形成一个缓冲区。

所有的花材在茎的位置扎成一束。用麻绳也行，用皮筋也行，容易绑扎的东西就行。

7

将蜡纸团一团，弄出一些皱纹。将花束放在纸上面，上部呈打开状，用酒椰纤维纸打上蝴蝶结，就完成了。

Memo

整枝地加工永生花时，因为保留了花茎，扎成花束后魅力无限。可以摆着，也可以吊着，形式多种多样。

可移动的空气凤梨

| 成品展示 | 第 *21* 页 |

材 料

☆ 空气凤梨　3个
　可移动框架　3个

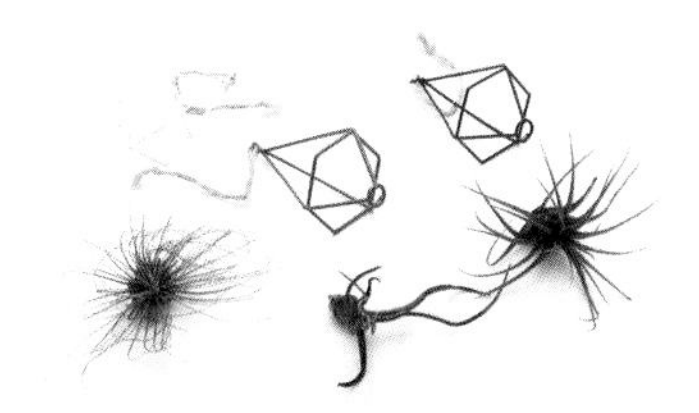

永生花加工秘诀

☆ 脱水液3天、保存着色液3天、洗净约20秒，使用颜色：绿色+透明色。
★ 在绿色的保存着色液中加入一点点透明色，可以得到更自然的绿色。
★ 几株植物的绿色深浅不一，也是一种乐趣！

制作方法

1

将充分干燥的空气凤梨，放入可移动框架里。格子在小卖店或网店中就能买到。

2

让叶子从框架里伸出来一点点，给人的印象更可爱。除了空气凤梨，再加一点花，就更具原生态。

小小盆栽

| 成品展示 | 第 *30* 页 |

材　料

☆ 针叶树（已分剪好） 1枝
☆ 仙客来（图片中无） 花3枝、叶适量
☆ 圣诞玫瑰（图片中无）3枝
☆ 苔藓（永生花成品）（图片中无） 适量
花盆盖子　3个
花泥（已切割成花盆尺寸大小） 3个

永生花加工秘诀

☆ 针树叶——脱水液一周、保存着色液一周、洗净约20秒，使用颜色：绿色＋黄色＋透明色。
☆ 圣诞玫瑰——脱水液12小时、保存着色液12小时、洗净约20秒，使用颜色：绿色＋黄色。
☆ 仙客来——详见第69页。
★ 选三枝带叶的、枝形好的针叶树枝，浸泡到溶液中。选择立起来时从后面看着像树一样的，更好造型。

制作方法

1

将花泥嵌入花盆中（花泥的嵌入方法参见第108页）。将胶枪插上电源，预热。

2

将针叶树插到花泥中央。针叶树的茎很硬，不用加铁丝，直接插就行。

3

用胶枪在花泥表面打上胶，不用全部都打，够用就行。

4

将苔藓拆开，粘贴上去。苔藓用已经加工好的永生花成品比较方便。

5

粘贴上足够多的苔藓，保证看不到花泥。伸到外面来的苔藓，可用小镊子进行整理。

Memo

- 仙客来、圣诞玫瑰都用同样的方法加工制作。花盆除了可用苔藓外，还可以用小石子装饰，也很自然。
- 永生花成品的苔藓在花材专卖店等地方都能买到。一般都是一个大袋子里面装很多。

蓝色的水平式造型

| 成品展示 | 第 *32* 页 |

材　料

☆ 飞燕草　2~3枝
☆ 尤加利（叶大的） 1枝
树皮花器（已放好花泥） 1个
※花泥的安放方法参见第108页

永生花加工秘诀

☆ 飞燕草——脱水液12小时、保存着色液12小时、洗净约10秒，使用颜色：蓝色＋透明色。
☆ 尤加利——叶专用液3天，使用颜色：绿色（详见第67页）。
★ 飞燕草连茎一起加工，这样比较方便制作。也可以只将花朵加工成永生花。蓝色的保存着色液中加入适量透明色溶液进行稀释，就能制作出这种淡蓝色的花。
★ 尤加利全部浸成绿色后就取出。浸了液体的地方须擦拭后使用。如果不立即使用的话，可以倒吊起来保存。

制作方法

1

尤加利大致分剪一下。尤加利枝并不需要一样长，大致差不多就行。

2

飞燕草需将花茎剪掉后使用。花茎短的，用26号铁丝加固一下（参见第89页15~18）后使用。

3

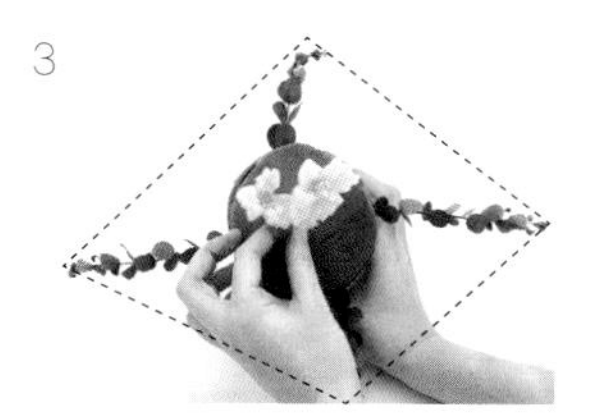

将4枝尤加利插入花泥的侧面，在这4枝尤加利的连接线之间插上尤加利。再将飞燕草插在正中央，以飞燕草为最高点，往四个方向插成一条线。

4

用尤加利插满，从上往下看呈菱形、从侧面看呈坡度缓慢的山形最理想。在尤加利之间，适当地穿插一些飞燕草，就完成了！

Memo

- 花泥应比花器边缘高2厘米左右。
- 从水平角度看底边的线整齐美观是一个漂亮的水平式造型的重要标志。

L形造型的蓝色玫瑰

| 成品展示 | 第 33 页 |

材 料

☆ 玫瑰 13支
☆ 不凋花（图片中无） 适量
花器 1个
花泥 适量

永生花加工秘诀

☆ 玫瑰——脱水液2天、保存着色液2天、不用洗净，使用颜色：天蓝色（详见第77页）。
☆ 不凋花——叶专用液3天，使用颜色：绿色（详见第67页）。
★ 脱水液可以使用已经用过一次或两次的。这样一来，浸泡入天蓝色的保存着色液中的时候，原来呈绿色的花茎、花蕾等地方就能被染成绿色。这是天蓝色保存着色液的特点。

制作方法

将花泥切割成正好适合容器的大小。用容器在这块花泥上用力按出印迹线。

2

沿着第1步中容器按出的印迹线切割花泥。容器的四个角稍带弧度，所以花泥的四个角也要切割成弧形。将表面轻轻地去掉一层，插花的时候更容易插入。

将花泥嵌入容器中。嵌不进去的话，用手搓一搓，对花泥进行微调，让花泥正好能嵌入容器中。

4

将一枝玫瑰插在左后方的位置，将其作为L形的最高点。这个第一枝玫瑰最好选直一点的。

5

将第二枝玫瑰剪得短一点，插在第一枝玫瑰的横向水平线位置侧面。这一枝玫瑰就成为L形的横向顶点。

6

第三枝玫瑰也剪得短一点，插在第一枝玫瑰的纵向水平线位置，花向前方伸。

7

如图所示那样，在第一枝玫瑰和第三枝玫瑰之间分不同高度插上3枝玫瑰。

8

从侧面看第7步完成后的样子。玫瑰花朵形成一条漂亮的线。

9

在第7步的线和第二枝玫瑰之间均衡地插上3枝玫瑰。

10

每一片玫瑰叶都用铁丝加固（详见第89页15~18）后再使用。一次多制作几片，后面用起来更方便。

11

插上第10步完成的叶子，将花泥全部覆盖至一点也看不到。

12

空的地方再插上玫瑰，间隙则用玫瑰叶和不凋花填充。无论从正面看还是从侧面看形状都漂亮了，就完成了！

Memo

不凋花是吸入了叶专用液的。白色花朵部分（严格地讲不是花）已经干燥不会再吸入加工液的颜色，会一直保持原来白色花朵的状态。

新年的迷你门松

| 成品展示 | 第 *34* 页 |

材 料 （图片中最左侧的作品）

☆ 玫瑰 1朵
☆ 菊花 3朵
☆ 木贼 适量
☆ 达娜厄鹃百合适量
☆ 松 1枝
☆ 绣球花 适量
花泥 适量
装饰结、花器、盘子等都是造型用品

永生花加工秘诀

☆ 玫瑰——脱水液8小时＋二次脱水液8小时、保存着色液8小时、洗净约10秒，使用颜色：透明色－再染色液染色（详见第74页）。
☆ 菊花——脱水液12小时、保存着色液12小时、洗净约5秒，使用颜色：黄色、紫红色。
☆ 达娜厄鹃百合——脱水液12小时＋二次脱水液12小时、保存着色液12小时、洗净约10秒，使用颜色：柠檬黄＋天蓝色。
☆ 松——脱水液48小时、保存着色液48小时、洗净约10秒，使用颜色：绿色。
☆ 木贼——叶专用液5~7天，使用颜色：绿色、红色（详见第67页）。
☆ 绣球花——再染色液1天，使用颜色：蓝色＋黄色（详见第70页）。

制作方法

1

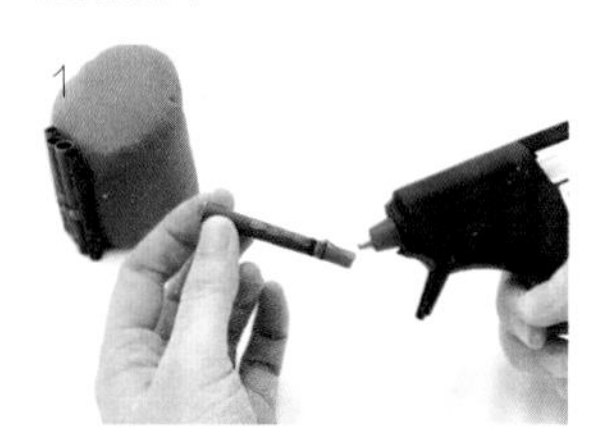

用手将花泥搓成圆柱形模拟竹子的形状并进行切割。然后用胶将木贼粘在花泥上。

2

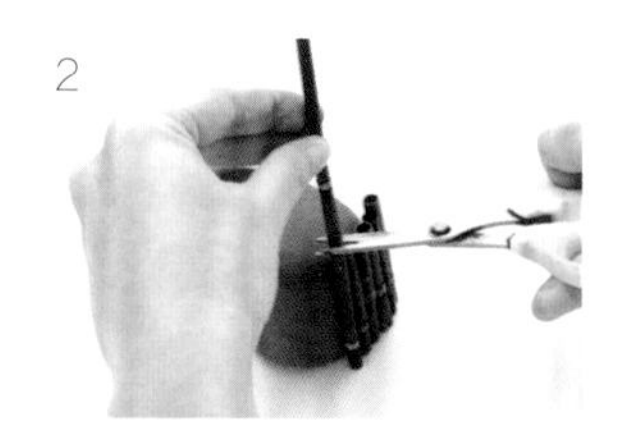

木贼的高度比花泥稍高一点是最理想的。粘之前，先将木贼靠在花泥上量一下再剪会比较顺畅。

3

花泥外侧粘满一圈木贼，然后将达娜厄鹃百合插在最里面。将个儿高的材料插在后面，不仅可以当背景，还可以增加体量，可以说是一举两得。

4

插玫瑰。只有花头的玫瑰要事先用铁丝加固（详见第74页）。菊花和装饰结也一样，要事先穿上铁丝。

5

将菊花插在玫瑰前面，虽然有一点不平衡，但是等整个作品完成之后，就会产生快乐的氛围。

6

将装饰结插在比玫瑰稍高一点的地方。然后在露出花泥的地方打上胶、粘上绣球花，就完成了。

Memo

- 图中右侧作品的制作方法也一样。将松树作为背景，将玫瑰换成菊花，整个作品的氛围就完全变了。
- 在写有福字的花器中嵌入花泥、插上已加工成永生花的水仙花(详见第80页)、用苔藓覆盖花泥。作为造型配置。
- 前面那可爱的鸡、羊实际上都是用永生花制作而成的!
  将花泥作为基座，在上面用胶粘贴经保鲜加工的补血草做成的。

女孩节的菱饼

| 成品展示 | 第35页 |

材　料

☆ 叶牡丹　3朵
　偶人、盘子都是摆造型用品

永生花加工秘诀

☆ 脱水液24小时以上＋二次脱水24小时、保存着色液24小时、洗净10~20秒，使用颜色：粉色＋柠檬黄。

★ 叶牡丹都是叶子，加工制作时不怕折腾，几乎是一种永生花加工零失败的植物。
完成后可能有点硬，所以，从加工液中取出来的时候要注意别碰坏了。

★ 成品为深色时，不需要进行二次脱水。

★ 将受伤的叶子揪掉，甚至可以将周围的叶子都揪掉，只留下中心附近的叶子，浸入红色加工液中浸泡、加工成永生花，看起来几乎和玫瑰一样。通过去掉叶子的方法来调整花的大小，也能大大地改变花的形象。

制作方法　将叶牡丹摆在盘子里造型。偶人是在小卖店买的。前面摆上叶牡丹，顿时就有了节日的气氛!

献给爱宠的花

| 成品展示 | 第 36 页 |

材　料

☆ 姜黄1枝
☆ 小向日葵5朵
☆ 百合2朵
☆ 假叶树1枝
☆ 蝴蝶兰（图片中无）5朵
☆ 不凋花（图片中无）适量
花器1个

花泥 适量
24号铁丝（图片中无）3~4根
花用胶带（图片中无）适量

永生花加工秘诀

☆ 姜黄——脱水液24小时、保存着色液24小时、洗净约5秒，使用颜色：紫红色+透明色。
☆ 百合——脱水液12小时+二次脱水24小时、保存着色液12小时、洗净约5秒，使用颜色：透明色。
☆ 假叶树——脱水液7天、保存着色液7天、洗净约5秒，使用颜色：天蓝色+柠檬黄。
☆ 蝴蝶兰——在天然生物液a2和b2中分别浸泡6小时（详见第66、75页）。
☆ 不凋花——叶专用液3天，使用颜色：绿色（详见第67页）。
★ 小向日葵（详见第118页）在脱水之后还会残留一些原有的黄色，直接用透明色处理一下也很漂亮。

制作方法

1

将花泥嵌入花器中(详见第108页)。花泥的形状要与花器吻合，表面要弄平整。

2

除了花茎结实的假叶树和姜黄，其他的花都先用铁丝加固一下、延长一下。用尖端打了胶的铁丝从花茎下面插入小向日葵花茎中。

3

百合和不凋花，用第89页第15~18步的方法加上铁丝。

4

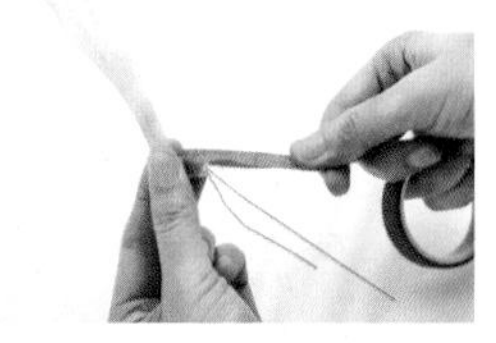

百合的花比较大，用胶带加固后会更放心。

5

用天然生物液加工过的蝴蝶兰比较硬，容易损坏，不应用铁丝直接穿入花中，应用胶粘。用胶将铁丝的U字形部位粘在花的突出部位。

6

将假叶树插在花器的最里侧。然后按照姜黄-百合-蝴蝶兰-小向日葵的顺序插好，空隙处插入不凋花，就完成了。花的位置随自己的喜好而定。

手作快乐复活节

| 成品展示 | 第37页 |

材 料

☆ 南瓜　1个
☆ 满天星　适量
☆ 银扇草　80~90片
蜡烛形状的LED灯　3个

永生花加工秘诀

☆ 南瓜——脱水液14天、保存着色液14天、洗净约20秒，使用颜色：橙黄色。
☆ 满天星、银扇草——叶专用液3天，使用颜色：满天星用黄色；银扇草用绿色、粉色、蓝色（详见第67天）。
★ 将南瓜中的瓤掏干净，雕刻出脸的形状和盖子，然后放入加工液中浸泡。
★ 银扇草的颜色从四周往中心洇，如梦幻般美丽。

制作方法

1

将已经分剪开的满天星放入南瓜中，仿佛南瓜的果实似的、将南瓜装满。

2

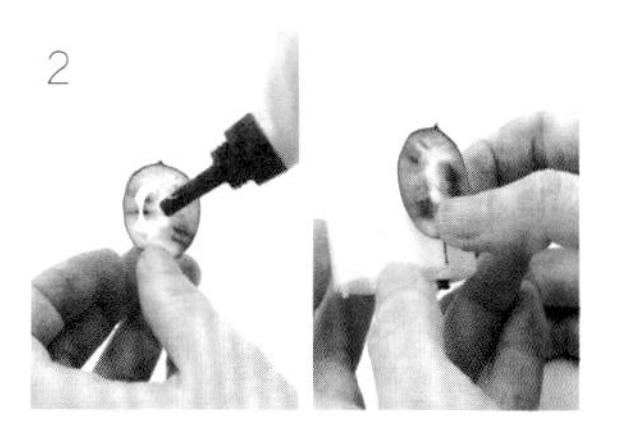

制作银扇草灯。将木工用粘合剂打到银扇草上，然后将银扇草粘贴在蜡烛形的LED灯上。

3

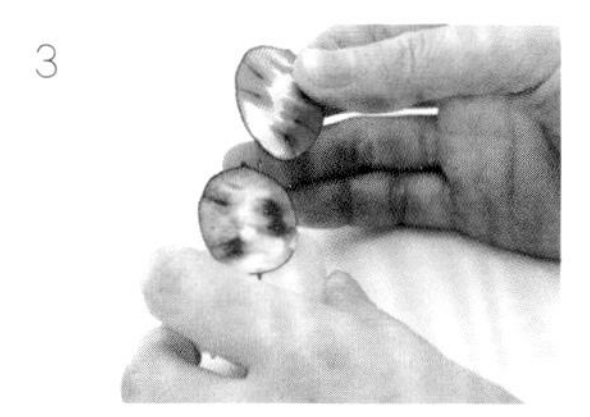

在第2步完成的银扇草上再粘贴一枚银扇草。

4

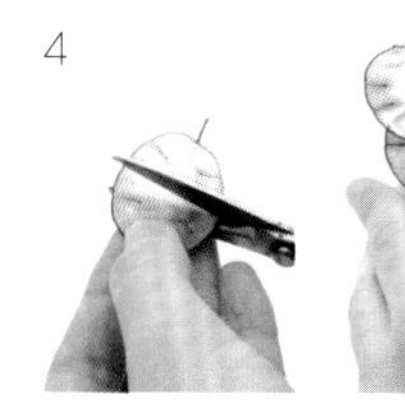

在最下面再粘贴一枚银扇草。将银扇草剪掉一半，沿着LED灯的底部粘贴。

5

重复2~4的操作，给LED灯粘贴上满满一圈的银扇草，就完成了。

Memo

蜡烛形状LED灯在小卖店或网店就能买到。灯的颜色各不相同会更有意思。在黑暗的房间里点上灯，灯光将银扇草照得晶莹剔透的，非常漂亮！

秋日红叶正当时

| 成品展示 | 第 38 页 |

材 料

☆ 枫树枝 3支
☆ 龙胆 2支
☆ 苔藓（成品） 适量
花泥 适量
24号铁丝（图片中无） 适量
金色铁丝或者棉线（图片中无） 适量

永生花加工秘诀

☆ 枫树枝、龙胆——脱水液24小时、保存着色液24小时、洗净10~20秒，使用颜色：枫树用黄色、橙色、红色、绿色＋透明色；龙胆花用紫色、蓝色；龙胆叶用绿色。
★ 枫树枝选择叶子没有伤口的，连枝带叶浸入溶液中。
★ 龙胆，在浸泡前，趁花新鲜的时候，将龙胆分剪成花和茎（花萼留在茎上)两段。轻轻地抓住花，轻轻拧，轻轻拉，花的部分而且只有花的部分就掉了。花掉落后，茎上会留下小小的洞，留着就行。
★ 龙胆的花和叶可以一起放入脱水液中浸泡。脱水后，按所需颜色的不同，分别放入保存着色液中浸泡。从保存着色液中取出并洗净、干燥后，用木工用粘合剂将花粘回到茎上，还原成完整的龙胆。将花插入之前留下的小洞中，花形会非常自然。

制作方法

1

将花泥切成球形，然后用手搓成圆润的球形。这就是苔玉的底座。

2

将苔藓揉搓成小块，准备足够将第1步完成的底座全部覆盖的量。

3

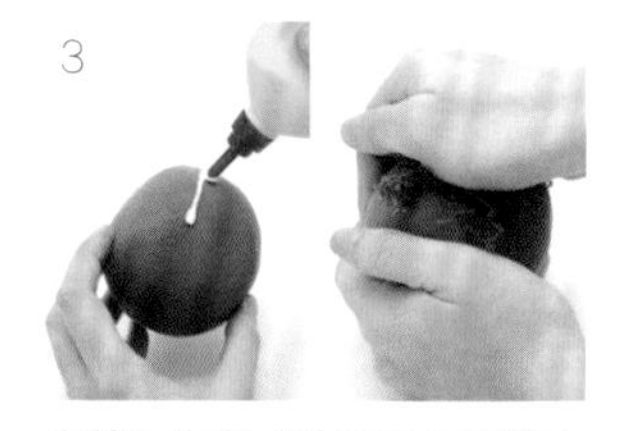

在第1步完成的底座上涂满木工用粘合剂，然后从上面开始用手掌将苔藓按压在底座上。重复这一操作，用苔藓将整个底座都覆盖上。

4

可以用金色铁丝或棉线在苔玉上缠一缠，既是加固也是装饰，也可以什么都不缠，视个人喜好而定。

5

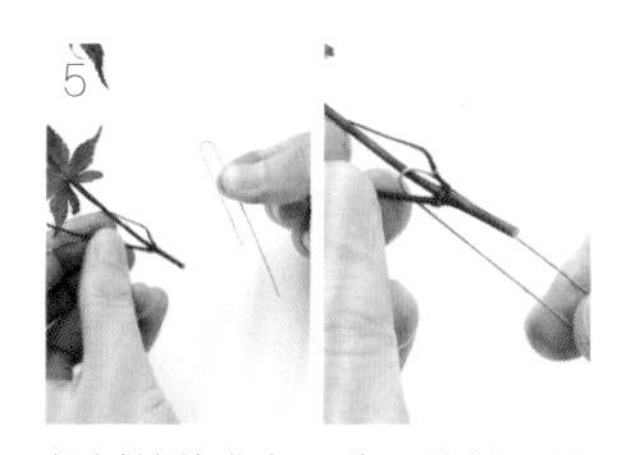

枫树枝的准备工作。将铁丝剪成约15厘米长，弯曲成U形。将U形部分挂在树枝分杈的位置。

6

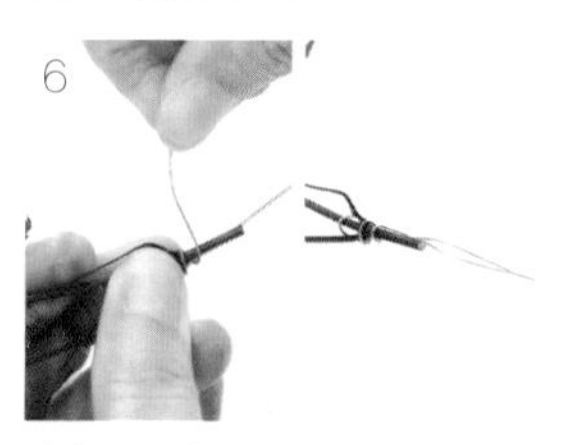

将铁丝的每一边在树干上绕2~3圈。龙胆的茎更结实，不用铁丝加固。将枫树枝、龙胆插在苔玉上，就完成了。

冬天的小树林和温暖的家

| 成品展示 | 第 *39* 页 |

材　料

☆ 满天星　适量
☆ 澳洲地肤　3根
☆ 常春藤（图片中无）能覆盖花泥的量
房屋形状的木制品　3个
花泥（图片中无）适量

永生花加工秘诀

☆ 满天星——叶专用液3天，使用颜色：黄色、绿色、粉色（详见第67页）。
☆ 澳洲地肤——叶专用液4~5天，使用颜色：黄色、绿色、粉色。
☆ 常春藤——脱水液8小时、保存着色液8小时、洗净约10秒，使用颜色：绿色。
★ 澳洲地肤　因为澳洲地肤叶很厚，所以叶专用液进入澳洲地肤茎内后，只能感觉到有一点点颜色。单个看起来几乎是白色的（这个阶段还不能称为永生花）。如果想让其颜色更明显，可以将其整个浸泡在叶专用液中，约10分钟之后，表面就会有颜色。

制作方法

1

将所有的满天星从花头处剪断。

2

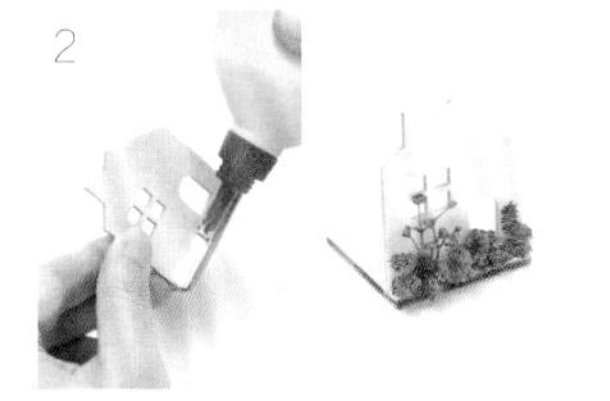

在房屋形状的木制品上涂上木工用粘合剂，粘上第1步剪好的满天星。重复这一操作，将花蕾也粘贴上去，会更立体！

3

将花泥切割成边长5厘米的立方体，制作3个。

4

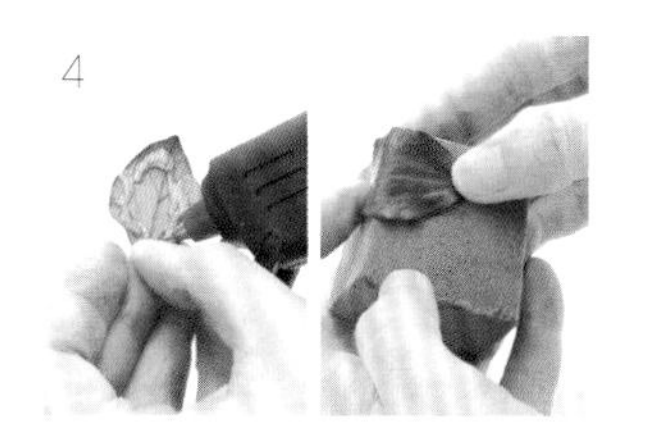

用热熔胶将常春藤叶粘贴在花泥上。从一角开始粘，叶子可稍有重叠。除了底面，其他几面都粘上。

5

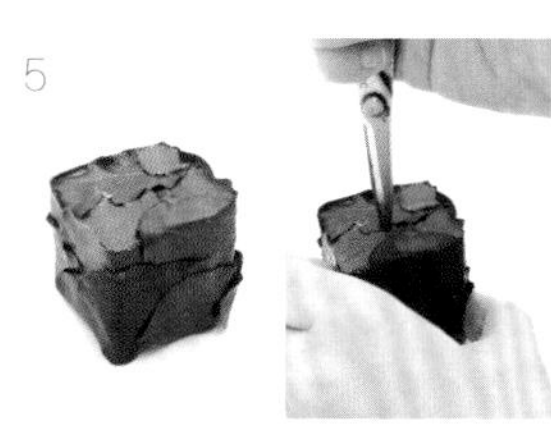

3个花泥都用同样的方法加工好。用剪刀尖在花泥中央扎一个洞，准备插澳洲地肤用。

6

在澳洲地肤的尖端涂上木工用粘合剂，然后插入第5步完成的洞中，就完成了！

大花朵简洁胸花

| 成品展示 | 第 40、43 页 |

材 料

☆ 玫瑰 1朵
☆ 满天星（图片中无） 少许
☆ 圣诞玫瑰 花1朵、花蕾1朵
别针底座 2个

永生花加工秘诀

☆ 玫瑰、圣诞玫瑰——脱水液8小时＋二次脱水8小时、保存着色液8小时、洗净约10秒，使用颜色：玫瑰用黄色、圣诞玫瑰用绿色。
※要覆膜（详见第76页）。
☆ 满天星：叶专用液3大，使用颜色：黄色（详见第67页）。

制作方法

1

将圣诞玫瑰的花茎剪掉，在切口涂上粘合剂。

2

将第1步完成的花粘在别针底座上，用力压实、压紧。

3

在花蕾、茎的尖端和侧面都涂上粘合剂，粘贴在别针底座上、花的后面，仿佛从花后面探出一点点小脸似的。

4

如果别针底座上还有空隙，可粘贴上叶子加以覆盖。粘上与大花同样颜色的满天星等小花也很可爱。玫瑰花别针也用同样的方法制作。

Memo

- 首饰部件可以在首饰部件专卖店买到。网上也能买到。找找看！
- 覆过膜的花，用普通的粘合剂可能粘不牢。通常使用的白乳胶适用范围较宽，制作首饰时也是一个重要材料。我自己常用“万能胶”“GP粘合剂”“合成瞬间粘合剂”等。对覆过膜的花，若将想粘贴的位置削掉、涂上普通的粘合剂，也能粘住。

开放在手指上的迷人玫瑰戒指

| 成品展示 | 第 *40*、*42* 页 |

材 料

☆ 玫瑰（花蕾） 2朵
带底座的戒指 2个

永生花加工秘诀

☆ 脱水液8小时＋二次脱水8小时、保存着色液8小时、洗净约10秒，使用颜色：黄绿色玫瑰用黄色＋天蓝色、蓝色玫瑰用透明色＋黑色（详见第60~61页）。
※要覆膜（详见第76页）。

制作方法

1

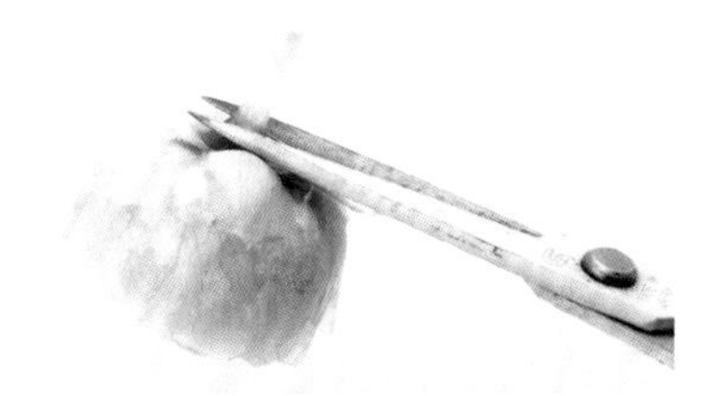

紧贴花萼将玫瑰花茎剪掉。切口的大小最好和戒指底座一样。

2

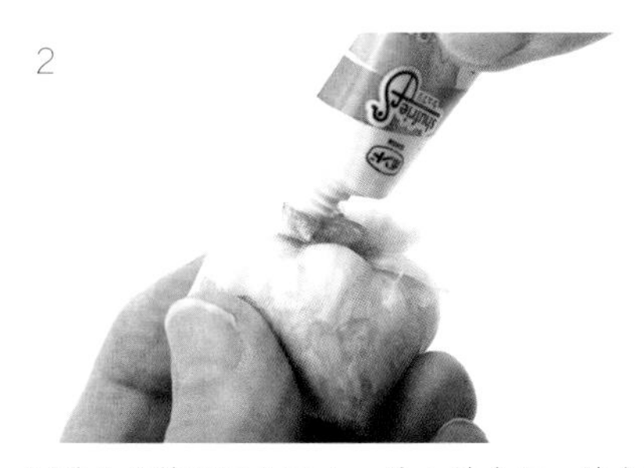

以第1步的切口为中心，涂上粘合剂。粘合剂抹的面积要和台座的大小一样。

3

将台座粘贴上去，将戒指和玫瑰连接在一起。

4

用同样的方法完成另一个戒指！经过1天的干燥后，就完成了！

小向日葵发饰

| 成品展示 | 第 40、41 页 |

材 料

☆ 小向日葵 2朵
带底座的发夹 2个

永生花加工秘诀

☆ 小向口葵——脱水液8小时、保存着色液8小时、洗净约5秒，使用颜色：透明色。
※要覆膜（详见第76页）。

★ 小向日葵在脱水后会残留一点原来的颜色，用透明色处理之后就会变成漂亮的金黄色。

制作方法

1

齐着花萼的位置将花茎剪掉。将花的底部剪平，粘贴到底座上时就能粘得更牢、更稳。

2

将粘合剂涂在花的底部。粘合剂的量与底座的大小相当。

3

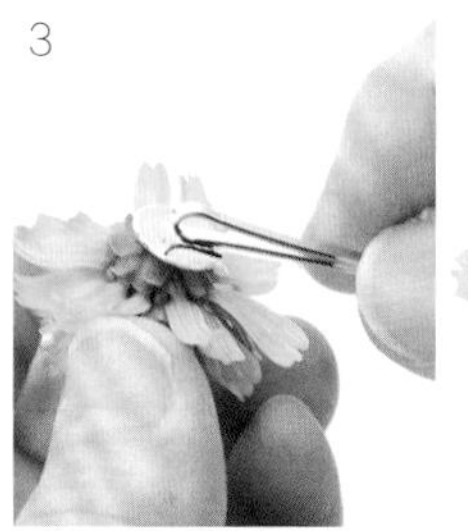

粘贴在底座上，就完成了！用同样的方法完成另一个。

Memo

- 特别小、特别可爱的小向日葵，加上富有朝气的颜色，给人以可爱的印象。多个同时使用，将成为头发上的亮点。
- 夹头发的时候，建议选一个好发型，不要碰到花。这样一来，既方便使用又不用担心花朵被碰坏。

栀子花开高雅项链

| 成品展示 | 第44、47页 |

材 料

☆栀子花 1朵
项链 1根
项链扣 1个
镂空部件 1个
圆环 3个

永生花加工秘诀

☆脱水液8小时十二次脱水8小时、保存着色液12小时、洗净约10秒，使用颜色：明黄色。
※要覆膜（详见第76页）。

制作方法

1

将项链放在平整的地方，摆直。用手抓住其中间左右摇动，找到项链的中心，将栀子花粘贴在这里。

2

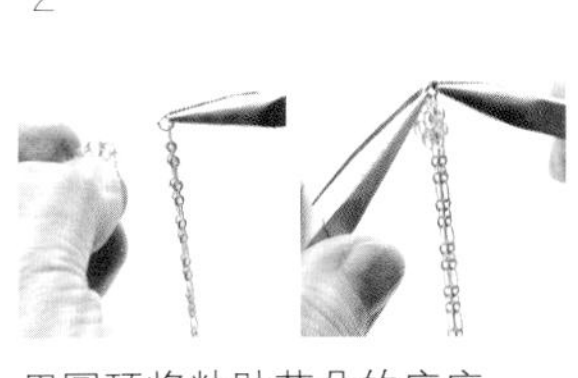

用圆环将粘贴花朵的底座——镂空部件和项链连接在一起。圆环很小，用小镊子来进行操作比较方便。如果有两个小镊子就更方便了。

3

项链与镂空部件连接好后的样子。

4

和镂空部件一样，用圆环将项链和项链扣连接在一起。

5

在紧挨花萼的位置将栀子花的花茎剪掉。

6

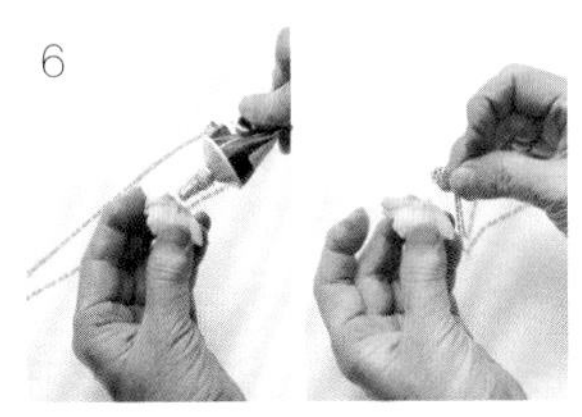

在花的底部涂上粘合剂，粘贴到镂空部件上，就完成了！

纯白色耳饰

| 成品展示 | 第*44*、*45*页 |

材 料

☆ 白星花（重瓣） 3朵
耳饰底座 1个
圆环 1个
镂空部件 大小各1个
珍珠 1粒
缎带 10~15厘米
链子 约2厘米
P形针（图片中无） 1个
24号铁丝（图片中无） 约10厘米

永生花加工秘诀

☆ 脱水液8小时、保存着色液8小时、洗净约5秒，使用颜色：白色。
※要覆膜（详见第76页）。

制作方法

1

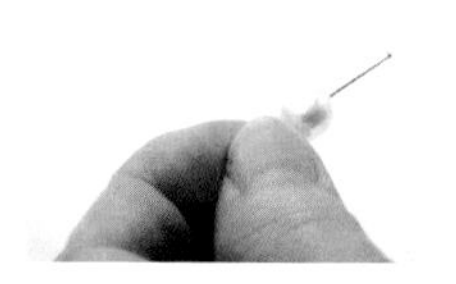

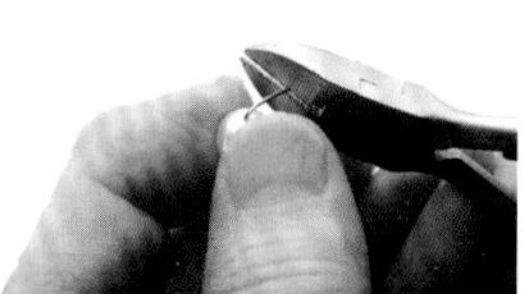

将珍珠穿入P形针中，用小镊子将P形针的铁丝弯曲成一个圆圈，保证珍珠不会掉。

2

将第1步制作的P形针的圆圈穿入链子中，将圆圈完全封死，成图中所示的样子。

3

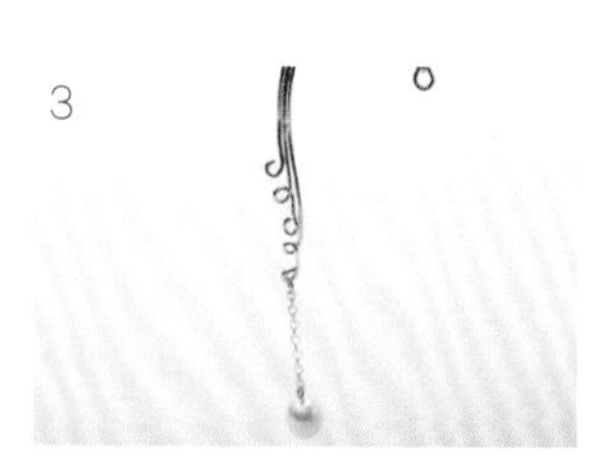

用圆环将第2步完成的链子连接到耳饰上。

4

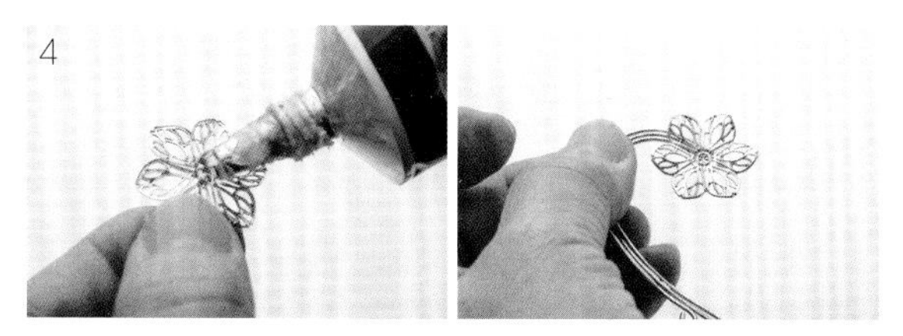

在镂空部件上涂上粘合剂，粘贴在耳饰的上下两点，以备后面粘花用。

5

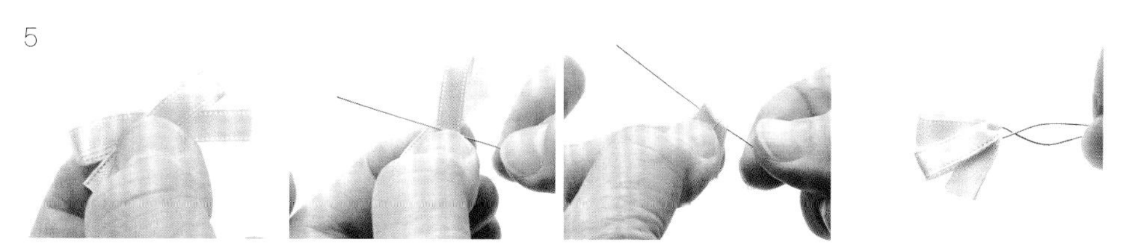

将缎带做成蝴蝶结，用铁丝固定(蝴蝶结的做法参见第93页)。余下的铁丝尽量剪短。

6

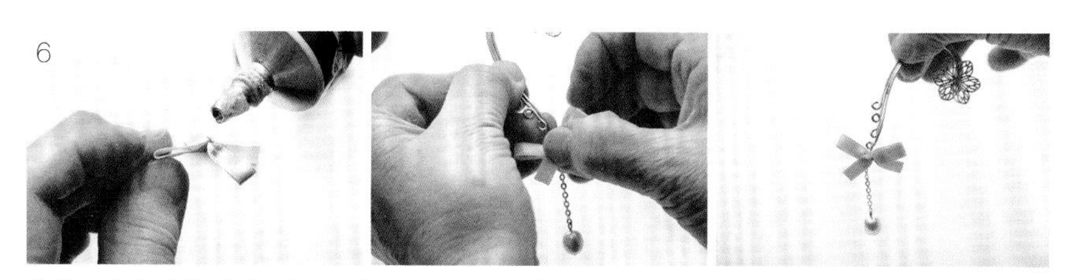

将第5步完成的蝴蝶结粘贴到耳饰上。将连接珠链的圆环挡住。

7　　　　　　　　8

从紧靠花萼的地方将白星花的花茎剪掉。

用粘合剂将第7步的花粘贴在两个镂空部件上。

不对称设计耳饰

| 成品展示 | 第 *44*、*46* 页 |

材　料

☆ 玫瑰　1朵
☆ 栀子花　1朵
带珍珠的磁性耳钉　1对

永生花加工秘诀

☆ 玫瑰、栀子花——脱水液8小时、保存着色液8小时、洗净约10秒，使用颜色：栀子花用透明色+黑色、玫瑰用透明色+紫罗兰色。
※要覆膜（详见第76页）。

制作方法

1

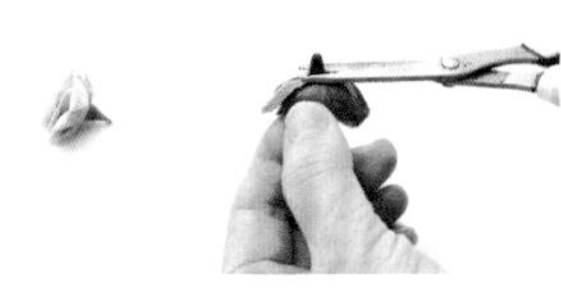

从紧靠花萼的地方将玫瑰的花茎剪掉。

2

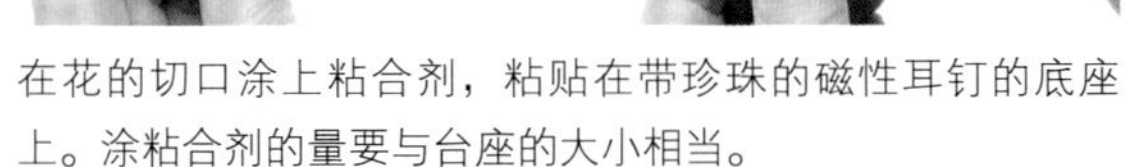

在花的切口涂上粘合剂，粘贴在带珍珠的磁性耳钉的底座上。涂粘合剂的量要与台座的大小相当。

3

灰色的栀子花也用同样的方法加工制作。干燥1日之后，就完成了！

Memo

- 磁性耳钉靠磁性固定，没有耳朵眼儿也能戴，是不挑人的好东西。选择带珍珠的耳钉，从背面看也很华丽。
- 将一样的花染成不一样的颜色。左右佩戴不同颜色的花，其中的平衡感是一个很有趣的设计。用喜欢的花试一试吧！

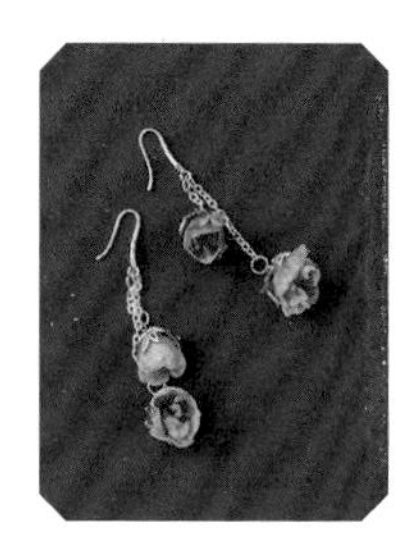

小玫瑰耳钉

| 成品展示 | 第*44*页 |

材　料

☆ 玫瑰　4朵
圆环　6个
链子　6厘米
耳环金属件　1对
花座　4个
P形针（图片中无）4根

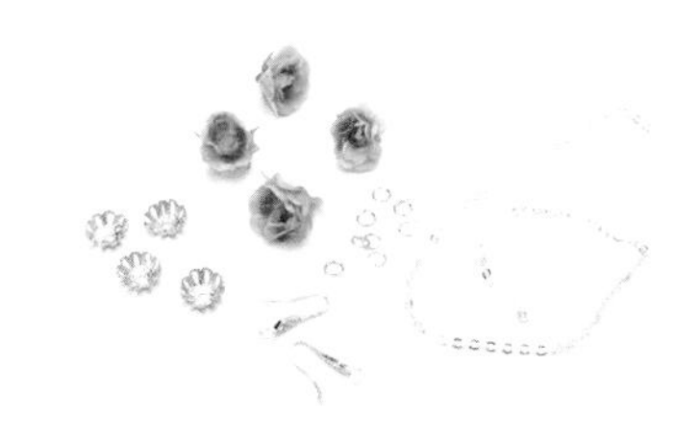

永生花加工秘诀

☆ 脱水液8小时+二次脱水8小时、保存着色液8小时、洗净约5秒、使用颜色：粉色。
※要覆膜（详见第76页）。

制作方法

1

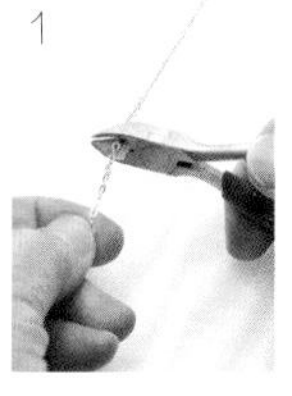

将链子剪成长度分别为2厘米和1厘米的短链子，各剪两条。

2

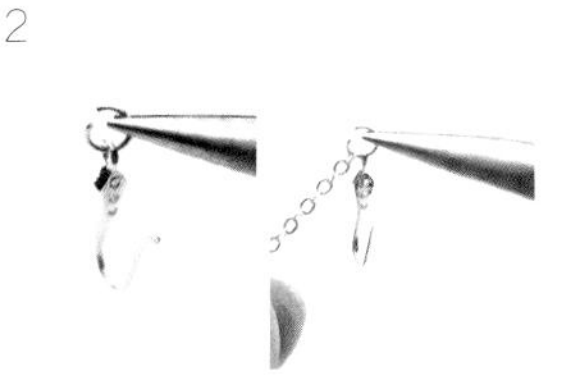

将圆环的接口拧开，将耳钉金属件和2厘米的链子穿进去。用小镊子进行这些操作更方便。

3

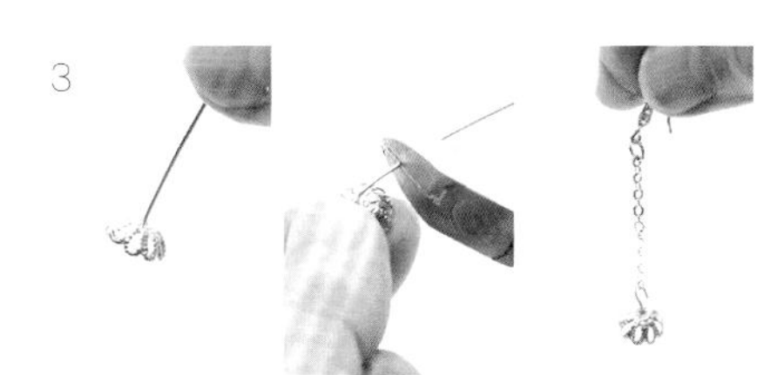

先将P形针穿过花座，再将P形针的铁丝弯曲成圆环。将第2步完成的链子穿在上面。

4

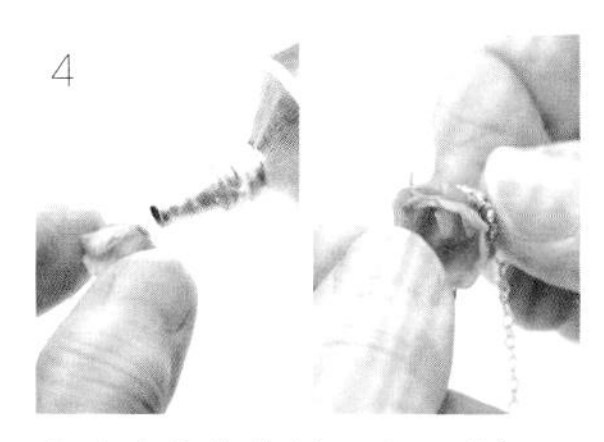

将玫瑰的花茎剪干净，在切口涂上粘合剂，然后将玫瑰粘贴在第3步完成的花座上。

5

上面几步完成之后，就是这个样子。

6

长度为1厘米的链子也用同样的方法连接，粘上玫瑰。用同样的方法完成另一个耳钉。

专栏

如果你想了解更多的永生花知识

本书介绍了初学者也容易理解的、手工制作永生花的基础知识和方法。掌握这些最基本的东西后，如果想进一步学习永生花的知识和技术，去专业教师开办的教室学习是一个不错的选择。“永生花制作认定讲座”的内容从基础到应用都有，甚至还讲授怎么教别人制作永生花的方法。不仅能提高技艺，还能学会怎样当讲师，内容非常丰富。可以更加深入地领略手工制作永生花的魅力，享受其中的快乐！

特别感谢

作品制作、摄影助手

SHIGERUMICHIE、贝藤和美、广泽洋子、
寺下由纪江、入江清子、中村MIKO、
落合顺子、森本沙央里、桐畑广美、
浅井亚由美、崛川惠美子、江口美由纪

协作

ALL ABOUT LIFE WORKS株式会社
特选百合品牌产地推进协议会
JA利根沼田尾濑绣球花生产部会
南条莲生产组合
花里株式会社
www.hanadonya.com
美浓洋桔梗研究会

装订・设计／室田征臣、室田彩乃（oto）
摄影／武田徹
编辑／十川雅子
模特发型化妆／藤田成美（Rébecca）
模特／ 岡田有香

结束语

开始制作永生花之后，我对鲜花的兴趣更大了。这是因为鲜花的状态对永生花的完成情况很有影响。

花是什么种类、用在什么地方、给谁做、做成什么样，都要考虑。我甚至还去产地，与很多的种花人见面。

在最近举办的亲子永生花培训会上，孩子们学得津津有味，陪孩子一起来的妈妈更是专心。看到他们的样子，我看到了利用手工制作永生花活动将两代人连在一起的可能性。

此外，已经学会制作永生花、体会到其中乐趣的人们在一起交流经验时，也是有说不完的话题。“我将这种花制作成永生花了！”“这样做就更漂亮了！”能够传递这样的快乐，我感到很荣幸。

这样才有了这本书。

在这本书的完成过程中，有很多很多人给了我帮助和建议，在此我要表示感谢。谢谢大家！

长井睦美

图书在版编目（CIP）数据

永生花设计与制作 /（日）长井睦美著；魏常坤译. —北京：中国轻工业出版社，2020.1

ISBN 978-7-5184-2117-6

Ⅰ. ① 永… Ⅱ. ① 长… ② 魏… Ⅲ. ① 干燥 - 花卉 - 制作 Ⅳ. ① TS938.99

中国版本图书馆 CIP 数据核字（2018）第 217586 号

责任编辑：翟 燕 王 玲　责任终审：劳国强　封面设计：锋尚设计

版式设计：锋尚设计　责任校对：吴大鹏　责任监印：张京华

出版发行：中国轻工业出版社（北京东长安街6号，邮编：100740）

印　　刷：北京博海升彩色印刷有限公司

经　　销：各地新华书店

版　　次：2020年1月第1版第2次印刷

开　　本：720×1000　1/16　印张：8

字　　数：100 千字

书　　号：ISBN 978-7-5184-2117-6　定价：58.00元

邮购电话：010-65241695

发行电话：010-85119835　传真：85113293

网　　址：http://www.chlip.com.cn

Email：club@chlip.com.cn

如发现图书残缺请与我社邮购联系调换

191524S5C102ZYW